Faszination Jagd

Von der Pirsch bis zur Treibjagd

GERT G. VON HARLING

Inhalt

Vorwort

Die Jagd ist eines unserer ältesten Kulturgüter und zugleich ältestes Handwerk, welches, will man es erfolgreich ausführen, Meister dieses Faches erfordert. Mit dem Jagdschein in der Tasche tut sich dem jungen Jäger eine Welt auf, eine Welt voller Wunder und Geheimnisse, die vielen unserer Mitmenschen verborgen bleiben. Was den wahren Jäger ausmacht, geht weit über das theoretische Wissen und das rein handwerkliche Können hinaus. Jäger zu sein bedeutet viel mehr, als nur Beute machen. Jagen heißt, die Zusammenhänge in der Natur erkennen, die Natur lieben und sich schließlich schützend vor sie stellen. Auch beim Jagen gilt: Der Weg ist das Ziel!

Diesen Weg gehen zu dürfen ist es, was uns als Jäger glücklich macht. Das ganze Leben eines Jägers ist durchflochten mit dem grünen Band der Jagd. Sehnsüchtig lauschen wir dem ersten Schrei des Hirsches, der den Beginn der Brunft signalisiert, und können es kaum erwarten, bis im Frühjahr das erste Puitzen und Quorren der aus dem Winterquartier zurückgekehrten Schnepfe ertönt. Wir registrieren jeden Witterungsumschwung und lernen den Einfluss von Wind und Wetter auf den Jagderfolg zu erkennen. Das vielfältige Leben in Wald und Feld ist voller Überraschungen. Im Laufe des Jägerlebens studiert man das Verhalten der Wildtiere, ihre Lebensgewohnheiten, ihre Eigenarten, und entwickelt allmählich die Fähigkeit, sich in die Tierseele einzufühlen. Dieses Sicheinfühlen, dieses Einswerden mit der Natur, was vielen unserer Mitmenschen versagt bleibt, mündet in einer großen Bewunderung des vielfältigen Lebens und in einem großen Verantwortungsbewusstsein.

Durch viele technische Neuerungen auf dem Sektor der Jagdausrüstung sprechen wir heute schon von einer Technisierung der Jagd und von einer zunehmenden Technikgläubigkeit der Jäger. Infrarotkameras liefern gestochen scharfe Bilder von nächtlichen Aktivitäten der Wildtiere, und mit Nachtzielgeräten versuchen wir der Dämmerung, dem schwindenden Büchsenlicht ein Schnippchen zu schlagen. Mag sein, dass derartige Neuerungen den Jagderfolg steigern, aber zweifellos werden unsere sieben Sinne weniger gefordert, der Jagderfolg wird berechenbarer und die Jagd wird schließlich viel von ihrem Reiz verlieren.

Gert von Harling ist durch und durch Jäger, der sein Handwerk von der Pike auf gelernt hat und perfekt beherrscht. Er ist ein wahrer Meister seines Fachs. Sein Leben ist im wahrsten Sinne des Wortes Jägerleben. Welch ein glücklicher Umstand, dass er nicht nur mit Büchse und Flinte umzugehen weiß, sondern im Lauf seines reich befrachteten Jägerlebens auch mit der Feder eine Perfektion erreicht hat, die es ihm erlaubt, all das in einer wundervollen Sprache seinen Mitmenschen mitzuteilen, was die Faszination Jagd ausmacht.

Gert von Harling sei von Herzen gedankt für dieses Buch, das einen großen Beitrag dazu leistet, dass die Jagd nicht nur auch weiterhin als wertvolles Kulturgut Bestand hat, sondern auch als eine faszinierende, geistige Begegnung mit der Natur erkannt und geschätzt wird.

Dr. Jörg Mangold

»Oculi, da kommen Sie!«
Früher leitete der Schnepfenstrich das Jagdjahr ein.

Jagd ist Einssein mit der Natur, mit Gottes Schöpfung –
Jagd ist vollkommenes Glück.

Gert G. v. Harling

Einleitung

Faszination Jagd« – wenn Sie Jäger oder überhaupt ein Freund der Natur sind, schließen Sie nach dem Lesen dieses Titels einfach einmal die Augen und verharren einen Moment. Unwillkürlich werden Bilder in Ihnen aufsteigen, Bilder einer heilen, weil noch umschlossenen Welt, Bilder, in denen Ihre Seele schwelgen kann, Bilder, bei denen Sie Freude und Ausgeglichenheit empfinden.

Sollten Sie aber zum Abrufen solcher Bilder Hilfestellung benötigen – dann schlagen Sie dieses Buch auf! Es ist ein Buch zum Genießen, zum Freuen und Träumen.

Was aber macht uns modernen Menschen die Jagd so faszinierend? Die Antwort ist denkbar einfach: weil die Jagd zu den Urerfahrungen der Menschen gehört, weil die erfolgreichen Jäger immer »ausgemendelt« wurden, somit wir alle von erfolgreichen Jägern abstammen. Denn Erfolg hatten nur die Jäger, die sich mit Leib und Seele dieser Kunst der Nahrungsbeschaffung verschrieben. Und so ist es bis heute geblieben: Wer seinen Beruf liebt, darin aufgeht, der wird erfolgreich sein. Heute würde man von solchen glücklichen Menschen sagen: Er hat sein Hobby zu seinem Beruf gemacht.

Ich habe mit vielen, auch Förstern gesprochen, mit Männern also, die sich ihren Beruf nach ihrer Neigung ausgesucht haben, ihrer Neigung, in der Natur aufzugehen, sie zu bewahren und zu hegen, aber

Nicht was wir an unseren Wänden, sondern was wir in unseren Wäldern und Feldern haben, ist entscheidend.

ebenso dem Fieber der Jagd zu erliegen. Eintauchen in diese faszinierende Welt der Jagd, in der wir alle unsere Wurzeln haben, dazu bietet das Buch »Faszination Jagd« reichlich Gelegenheit.

Geschildert werden in Wort und Bild unterschiedliche Jagdarten wie Treib-, Pirsch-, Lock-, Drück- und Ansitzjagd auf heimisches Wild, es wird aufgezeigt, dass nur der ein erfolgreicher Heger wie Jäger sein kann, der die Geheimnisse unserer Forsten und ihrer Flora wie Fauna genau kennt.

Das war schon bei den Steinzeitjägern so. Wer ein Kenner der Tierseele war, hatte auch den besten Erfolg. Heute würde man sagen: Wer viel von der Verhaltensforschung verstand.

Gehen Sie also gemeinsam mit mir und den besten Wildfotografen auf die Pirsch in die schönsten deutschen Reviere. Der Erfolg wird Ihnen sicher sein, denn für dieses Buch gilt nicht, was für die Jagd gilt: Jeder Tag ist Jagdtag, aber kein Fangtag.

Gert G. v. Harling

Der Ansitz

Wartet ein Jäger auf einem Hochsitz, einem Schirm oder einer Kanzel an Äsungsplätzen, Wechseln, Luderplätzen, Suhlen, Salzlecken oder Kirrungen, von wo er in Ruhe beobachten, ansprechen und schießen kann, auf das Austreten des Wildes, nennt man das in der Waidmannssprache »ansitzen«.

»Wer drei Stunden auf Ansitz jagt, hat keine zehn Sekunden zu verschenken, oder er verschenkt seine Chance!«, heißt es in einer alten Jägerweisheit und bedeutet: Diese Jagdart ist nichts für Träumer.

Beim Ansitz ist der Jäger zu einer gewissen Passivität verurteilt. Die Jagdart hat aber den Vorteil, dass er sich (im Gegensatz zur Pirsch) nicht bewegen braucht. Er sieht das Wild, ohne selbst gesehen zu werden, und hört es, ohne selbst Geräusche verursachen zu müssen. Außerdem ist von einer erhöhten Warte aus fast immer Kugelfang gegeben und auf einem Hochsitz oder einer Kanzel findet man in der Regel eine sichere Auflage für das Gewehr. Verraten kann den Waidmann, wenn er sich ruhig verhält, hastige Bewegungen vermeidet, gedeckte, nicht raschelnde oder knisternde Kleidung trägt, dann nur noch der Wind.

Aber: Verharrt der Jäger fantasielos, immer auf denselben Hochsitzen, wird er kaum Anlauf haben. Wild lernt und hat ein gutes Gedächtnis, es wird Orte, die mit »schlechten Erfahrungen« verknüpft werden, meiden. Man darf daher, damit die Einstände möglichst wenig beunruhigt werden, nicht zu häufig

Wer drei Stunden auf Ansitz jagt,
hat keine zehn Sekunden zu verschenken,
oder er verschenkt seine Chance!

Alte Jägerweisheit

oder in kurzen Abständen an derselben Stelle ansitzen. So, wie man ein Revier »leer pirschen« kann, so kann man es auch durch allzu häufiges Ansitzen wildleer bekommen oder zumindest so beunruhigen, dass man kaum noch Wild bei Büchsenlicht sieht.

Wer wenig schießt, ist durchaus noch kein Heger. Wer fünfmal hinausgeht und drei Stücke erlegt, handelt waidgerechter als derjenige, der fünfzehn Mal ansitzt, ohne sich zum Schuss zu entschließen, denn der Jäger beeinträchtigt bei jedem Jagdgang die Ruhe des Wildes, auch wenn er es nicht bemerkt.

Richtiges Ansitzen ist anstrengend, fordert jagdliche Erfahrung, ständige Aufmerksamkeit, volle Konzentration, Geduld und viel Zeit. Lange bevor das Wild austritt, muss der Jäger zur Stelle sein und darf den Rückmarsch erst antreten, wenn das Wild wieder in die Einstände gezogen ist.

Stundenlanges Ansitzen kann auch für einen sehr naturverbundenen Jäger eintönig und ermüdend werden. Dennoch: Diese Jagdart stört das Wild am wenigsten.

Dieser Kanzeltyp bietet im Gegensatz zur geschlossenen Variante mehr »Bezug zur Natur«.

Eine solche Stimmung mag
die unschöne Wortschöpfung
»Schweinesonne« für den
Vollmond geprägt haben.
Während dieser Mondphase
verbringen viele Jäger die
Nächte, oft bis in die Morgen-
stunden, sitzend in einer
Ansitzkanzel an Feld-Wald-
rändern, um dem Schwarzwild
auf die Schwarte zu rücken.

Ansitzgedanken

Eisiger Wind weht dem Jäger entgegen, als er sich, seinen Hund an der Seite, der großen Wildwiese nähern will. Die riesigen Ackerflächen, an denen er entlangpirscht, wurden noch vor wenigen Jahren durch »lebende Zäune« unterteilt. Da sie jedoch großräumiges Bewirtschaften mit Maschinen behinderten, mussten viele der fast undurchdringlichen Hecken im Zuge der Flurbereinigung zugunsten der freien Wirtschaftsfläche weichen.

»Das Haar, das der Jäger verlor, wird vom Hirsch vernommen, vom Keiler gewittert und vom Widder geäugt.«

Nur eine dieser ökologischen Nischen hat im Revier noch überlebt, dicht mit Weißdorn, Schlehe und anderem sperrigem Gezweig bewachsen, zieht sie sich bis fast zum Waldrand hin und gibt Deckung zur Wiese auf der anderen Seite.

Aus der Hecke erklingt das zarte Lied der Goldammer, zu sehen ist der hübsche kleine Sänger aber nicht.

Zwei Neuntöter harren, scheinbar reglos, im verzweigten Gebüsch. Offenbar haben sie den Mann mit seinem Hund bemerkt, äugen unverwandt herüber, streichen aber erst ab, als sich der Zwei- und der Vierbeiner bis auf wenige Meter nähern.

Auf dem Acker hocken zwei Rabenkrähen. Sie erheben sich, als Jäger und Hund kaum mehr als 150 Meter von den schwarzen Gesellen entfernt sind. Obwohl Rabenvögel viele Jahre nicht bejagt werden durften, halten sie sommers wie winters noch diese Fluchtdistanz ein.

Durch die Stämme hindurch leuchtet das braune Gras der weiten Fläche herüber, aber noch etwas nehmen die Augen des Jägers wahr: Mehrere Wildkörper ziehen auf der Wiese unruhig hin und her, Muffelwild! Sein Puls pocht vor Aufregung heftiger, doch schon macht ein scharfer, warnender Pfiff alle aufkeimenden Hoffnungen zunichte.

In der Entfernung eines guten Büchsenschusses überfällt das Rudel hochflüchtig den breiten Weg, und die Waldbühne ist wieder leer.

»Das Haar, das der Jäger verlor, wird vom Hirsch vernommen, vom Keiler gewittert und vom Widder geäugt.« Diese Erfahrung vieler Jägergenerationen über die feinen, besonders ausgeprägten Sinne des Muffelwildes hat sich soeben wieder bestätigt. So viel aber konnte der Mann noch erkennen: Am Ende des großen Trupps folgte ein alter, außergewöhnlich starker Widder!

Das tagaktive Wild ist sehr vorsichtig. Am Anfang der Jagdzeit konnte man es oft am Tage auf der Pirsch beobachten, nun ist es heimlich geworden, bleibt meistens bis zur Dunkelheit in seinen Einständen und ist bereits vor Anbruch des Büchsenlichtes wieder wie vom Erdboden verschluckt.

Pirsch oder Ansitz? – das ist die Frage

Die einzige Möglichkeit, den alten Widder zu strecken, ist nun der Ansitz. Eine ungemütliche Windböe wirbelt einige Blätter hoch, doch das feuchte Laub ist schwer und sinkt schnell auf den nassen Waldboden zurück. Dunstschleier spielen mit dem Sonnenschein, glitzernde Tropfen reflektieren das funkelnde Licht.

Ein Pirschpfad wäre hier vorteilhaft, um die Kanzel vom Wild unbemerkt zu erreichen.

Der Ansitz

Noch zwei Stunden wird Büchsenlicht sein. Der Wind steht günstig, und erwartungsvoll pirscht der Jäger zu der hohen Kanzel an der Wildwiese.

Zwar überlegt er kurz, seinen Plan zu ändern – bei herrlichem Herbstwetter aus einem geschlossenen Kasten durch schmale Schießscharten zu starren, ist ganz und gar nicht nach seinem Geschmack –, entschließt sich aber dann doch für diesen Ansitz.

Wer sehen, hören, riechen, schmecken und fühlen verlernt hat, mag das untätige Harren auf einer Kanzel schätzen, er sitzt jedoch lieber auf dem Waldboden, seinem Jagdstock oder einer offenen Leiter, wo er sich der Natur viel näher verbunden fühlt, versteht unter »Jagen« etwas anderes, als passiv auf einer Kanzel auf Wild zu warten.

Singdrossel und Buchfink begleiten ihn melodisch, als er die Hündin ablegt, widerstrebend die steile Leiter emporsteigt und mit dem Eintritt in den dunklen, miefigen Kasten den hellen, klaren Abend hinter sich lässt. Als er die schmalen Luken der Kanzel öffnet, ist die stickige Luft aber im Nu verflogen.

Mücken und Fliegen schwirren massenweise herum. Ihn belästigen sie weniger, da das bewährte Tarnnetz, das sein hell leuchtendes Gesicht verbirgt, die Plagegeister fernhält. Der Kleinen Münsterländer-Hündin dagegen setzt das Geziefer ziemlich zu. Immer wieder schnappt sie mit hastigen Bewegungen nach den störenden Quälgeistern, und laut klappen ihre Zähne dabei zusammen.

Nach kurzer Wartezeit zieht ein junger Rehbock aus dem Wald. Trotz des noch vollen Tageslichtes ist es nicht einfach, ihn auszumachen. Fast perfekt ist seine Tarnfarbe, grau in grau, braun in braun, verschwimmen seine Konturen in dem fahlen Gras des Hintergrundes.

Der Ansitz

 Der Nimrod liebt diese Momente des Wechsels und Übergangs, wenn sich der Tag langsam verabschiedet, die Natur ihn in sich einbettet und die Dämmerung zögernd anbricht. Das, was der Helligkeit fröhliches Leben verleiht, versinkt allmählich in Ruhe. Die Stimmen der Nacht beginnen den immer wiederkehrenden Ablauf von Kommen und Dahingehen zu bestimmen.

Mit den verrinnenden Minuten steigt die Spannung. Kaum hat der Jäger noch einmal seinen Kopf durch die enge Fensteröffnung gezwängt, sich mit einem Blick nach unten Gewissheit verschafft, dass der Hund zufrieden ist, zieht 150 Gänge entfernt eine Ricke mit zwei Kitzen auf die Wiese.

Welche Diskrepanz, sinniert der Mann: In ursprünglicher Natur, dort, wo der Mensch nicht als Jäger eingreift, sind Jungwild, ob Kitz, Kalb oder Frischling, ob Küken oder Welpe, und auch die Muttertiere am stärksten gefährdet.

Die einen sind unbeholfen, noch nicht flucht- oder flugfähig, die anderen, tragend, führend, säugend oder fütternd und »gehandicapt«. In von Menschen unberührten Gegenden sind die Verluste durch natürliche »Räuber« in den ersten Lebenswochen daher am höchsten. In »kultivierten« Revieren hingegen setzt die Bejagung erst im Spätsommer oder Herbst ein. Jungtiere leben in Gebieten, die durch Menschen bejagt werden, somit länger.

Plötzlich sichert die Ricke eine gefühlte Ewigkeit lang zum Waldrand und springt schreckend ab, die Kitze folgen. Zwanzig oder dreißig Meter kann man die drei im Hochwald durch das Fernglas noch verfolgen, dann sind sie verschwunden. Nur das Schreckkonzert verrät, dass die drei Stücke nicht sehr weit geflüchtet sind.

Der Anlass der Flucht der drei Rehe erscheint nach wenigen Minuten vor der Waldkante. Die helle Maske eines Altschafes leuchtet regungslos aus dem dunklen Bestand herüber. Die Lichter, so scheint es, sind starr auf den Hochsitz gerichtet. Erst als das Stück nach endlos erscheinender Zeit zu äsen beginnt, löst sich die Anspannung des Jägers.

Nachdem das Schaf misstrauisch ein paar Meter am Rand des Altholzbestandes entlanggezogen ist, sprudelt der Rest des Rudels förmlich aus der Deckung heraus. Muffelwild in geballter Front: sechs oder sieben Schafe, fünf oder sechs Lämmer, zwei Schmalschafe, und dazwischen taucht ein Schneckenpaar auf. Der wohl dreijährige Zukunftswidder lässt Hoffnung aufkommen. Mit seiner dunklen Mähne hebt er sich auffallend vom Rest des Rudels ab, als er sich flehend einem der Schafe nähert.

Da, erregt hält der Mann den Atem an, es ist deutlich und unverkennbar zu vernehmen: das Aufeinanderprallen von zwei Schneckenpaaren! Im tiefen Wald fechten Widder ihren geräuschvollen Brunftkampf aus. Noch einmal klingt es laut herüber. Dann herrscht wieder Stille.

Als die Schatten einiger besonders hoher Bäume am gegenüberliegenden Waldrand länger werden, sich auf dem Boden fast bis zur Kanzel vorgetastet haben, erscheint, durch aufgeregtes Vogelgezeter angekündigt, zwischen den Stämmen im bereits dämmrigen Wald noch ein Stück Muffelwild. Weit ist es, wohl über 150 Meter entfernt.

Wie oft hat sich der Mann auf der Kanzel Wundergeschichten über weite Schüsse, die einem Münchhausen Ehre machen würden, von Mitjägern anhören müssen, und wie oft machte er sich dann so seine Gedanken.

Der Ansitz

Kondition 1A – dieser junge Rehbock ist für die Notzeit gut gerüstet.

Der Ansitz

Manche Schützen glauben zu jagen, doch sie haben lediglich das leidenschaftslose Töten von Lebewesen übernommen, indem sie den Sinnen der wilden Tiere bessere Waffen, stärkere Optik, höhere Kanzeln entgegenstellen.

Jagen aber bedeutet im Gegensatz zur modernen »Wildbewirtschaftung« vornehmlich Draußensein, den würzigen Waldboden riechen, die Natur schmecken, den Wind fühlen, die Umgebung mit allen fünf Sinnen im wahrsten Sinne des Wortes »begreifen«, den »Gegner« überlisten, die Zeit im Revier bis zum Letzten auskosten. Das Jagen an sich muss Spaß machen, das Lauern, Schleichen, Überlisten und schließlich das sichere Strecken der Beute aus gerechter Entfernung und nicht, aus ungerechter Entfernung technisch zu liquidieren. Dann kehrt man zuweilen ohne Beute, aber stets voller Erlebnisse heim. So wartet der Nimrod geduldig.

»Was du versäumst in der Sekunde, bringt keine Ewigkeit zurück«

Es wird schwieriger, im diffusen Zwielicht des Waldschattens Wild anzusprechen. Aber so weit reicht das Licht auch dort noch: Die vergrößernde Optik des achtfachen Fernglases offenbart dem Blick ein gewaltiges Schneckenpaar, und von dem starken Widder, der aus seiner Deckung heraus unbeweglich zum Rudel äugt, geht etwas Diabolisches aus.

Allmählich gewinnt die Dämmerung die Oberhand über den schwindenden Tag und verwischt die Umrisse der Bäume und Büsche. Bald wird Dunkelheit mit Riesenschritten die Wildwiese betreten.

Da! Endlich kommt wieder Bewegung in den mächtigen Wildkörper, und dann trollt der Alte auf das sich nun ständig in Bewegung befindende Rudel zu. Die Kopfzier des Widders überragt alles andere auf der bewegten Wiese.

Behutsam gleitet der Schaft der Büchse vor die Schulter, und nach der Devise: »Was du versäumst in der Sekunde, bringt keine Ewigkeit zurück«, bleibt das Gewehr im Anschlag. Außer den Augen bewegt sich nichts mehr an dem Mann.

Wenige Lidschläge später hält er wieder den Atem an, der Widder steht frei und breit, peitschend nimmt die Kugel ihren Lauf.

Mit dem Schuss entsteht auf der Fläche ein wildes Durcheinander, und während des Repetierens flüchtet das Rudel zurück in den schützenden Wald.

Den alten Widder aber tragen seine Läufe nur noch wenige Meter, dann liegt er verendet im verdorrten Gras der großen Wildwiese.

Lange hält es den Mann nicht auf seinem Sitz. Von Freude erfüllt tritt er, den Hund neben sich, an den Gestreckten. Seine Hände streichen immer wieder über die starken, mit vielen Jahresringen verzierten Schnecken.

Erst als es dunkel ist, beendet er seine stille Andacht und macht sich unter dem Licht der ersten Sterne an die rote Arbeit.

Abbitte an eine hohe Kanzel

In der flachen Feldflur, wo weit und breit kein Kugelfang vorhanden ist, der Jäger, ohne das Hinterland zu gefährden, kaum schießen und auf Hochsitze nicht verzichten kann, mögen geschlossene Kanzeln unerlässlich sein. In vielen Rehwildrevieren könnte man auf sie verzichten.

Im Waldrevier allerdings sind sie mit Glasfenstern und Teppichboden isoliert, ein »Armutszeugnis« für Jäger. Der Vorteil: Der Jäger kann witterungsgeschützt in Ruhe beobachten, ansprechen und mit guter Auflage einen sicheren Schuss abgeben. Außerdem sind

Der Ansitz

völlig geschlossene Kanzeln gegenüber offenen Sitzen windsicherer.

In ihnen ist man vom unmittelbaren Naturerlebnis ausgeschlossen. Die Jagd wird so aber lediglich »Naturbeobachten aus zweiter Hand«, kein Messen der Sinne und Kräfte zwischen Mensch und Tier. Über dem Wind wird dem Wild dessen letzte »faire« Chance genommen, denn der Geruchsinn ist das Einzige, was ein Tier gegen die Hilfsmittel des »homo sapiens«, mit denen er seine verkümmerten natürlichen Sinne kompensiert, einsetzen kann.

Jagd ist ein Handwerk, das man erlernen kann. Es gibt Lehrlinge, Gesellen und wahre Meister. Jagd ist auch eine Kunst, Kunst kommt von »Können«. Ein wirklicher Könner wird ohne geschlossene Kanzeln auskommen, doch nun hat sich der Nimrod auch dieser Jagdeinrichtung mit Erfolg bedient und hätte den Widder wahrscheinlich ohne die landschaftszerstörende Reviereinrichtung nicht erlegt.

Eine Singdrossel singt und verabschiedet sich von dem Jäger, seinem Hund und dem scheidenden Tag. Frieden ohnegleichen liegt über der weiten Wiese. Minuten wie diese lassen den Mann immer wieder alles, was den Alltag hässlich macht, vergessen, und als sich über dem Dunst, der sich im Zeitlupentempo auf den Wiesen bildet, schemenhaft eine dunkle Silhouette erhebt und eine blinkende Fensterscheibe das letzte Rot des Abendhimmels zurückwirft, gibt das hoch aufragende Gestell dem Jäger etwas Versöhnliches.

Links
Die »Ruhe vor der Brunft« – bald beginnt die hohe Zeit des Muffelwildes.

Folgende Doppelseite
»Bunt sind schon die Wälder …« So eine Stimmung mag den Komponisten Johann Friedrich zu seinem bekannten Lied inspiriert haben.

Der Anstand

Bei wohl kaum einer anderen Jagdart lässt sich der Wildbestand eines Revieres in aller Ruhe und Muße ohne nennenswerte Störungen besser beobachten, kann der Jäger die Gewohnheiten des Wildes intensiver erkunden als beim Anstand und beim Ansitz.

Wild eräugt Bewegungen besonders schnell. Wer in der freien Natur stillsteht oder sitzt, hat daher stets einen Vorteil, denn das Ruhige, Unbewegliche fällt weniger auf. Wird der unbewegte Gegenstand dazu noch durch einen Busch, Baum oder Strauch auch nur teilweise verdeckt, so bleibt er den meisten Tieren unerkannt.

In einer Zeit, in der bewährte Begriffe der Waidmannssprache kaum noch gepflegt werden – Hetzlaut und Sichtlaut, Bestand und Besatz, verenden und eingehen werden durcheinandergewürfelt –, verwundert es kaum, wenn man in neuerer Literatur unter »Anstand« nachliest »siehe Ansitz« und beide Jagdarten als identisch behandelt werden. Das ist unkorrekt. Sie haben lediglich gemeinsam, dass man mitunter viel Geduld benötigt, wenn man auf das Wild wartet.

Beim Ansitz sitzt der Jäger auf einer festen Leiter, einer hohen Kanzel, einem vorbereiteten Schirm oder einer anderen Reviereinrichtung, beim Anstand verzichtet der Waidmann auf solche künstlichen Hilfsmittel, stellt sich stattdessen hinter beziehungsweise vor Bäume, Büsche, Felsen oder Schilf als natürliche Deckung (merke: Wir haben lediglich zwei,

Wir haben lediglich zwei, Feld und Wald
aber tausend Augen!

Feld und Wald aber tausend Augen!) und kann so, je nach Bedarf, seinen Standort schneller wechseln.

Der Standplatz sollte grundsätzlich in genügender Entfernung seitlich eines Wechsels gewählt werden und unter gutem Wind liegen, der aus der Richtung weht, aus der das Wild erwartet wird. Die Beachtung der Windrichtung ist ausschlaggebend – Augenwind wird zum besten Freund des Jägers, Nackenwind ist sein größter Feind.

Oft wird die kurzfristige Unterbrechung eines Pirschganges zum Anstand. Bei längerem Verweilen wird der Jäger den bequemeren Ansitz vorziehen.

Gewiss ist der Anstand eine Jagdart, die von unseren Ahnen lange vor der heute gebräuchlichen Ansitzjagd ausgeübt wurde.

Heute noch üblich ist er beim Jagen auf Federwild, beim Einfall zu den Rast- oder Nahrungsplätzen, speziell beim Enteneinfall und früher beim Schnepfenstrich.

Nur Begriffe wie »Anstellen«, den Schützen und Treibern die Stände zuweisen, oder »Ansteller«, eine Person, die dem Jagdleiter auf einer Gesellschaftsjagd behilflich ist, Treiber respektive Schützen zu den Ständen zu bringen, »anzustellen« zeugen noch von der einstmals so verbreiteten Jagdart.

Links
Nach erfolgreicher Pirsch am Gewässerrand wartet der Jäger nun auf den Beginn des Abendstrichs.

Folgende Doppelseite
Links oben
Erwartung pur …

Links Unten
… ein letzter Blick auf die geladene Flinte …

Rechts
… und die Breitschnäbel können kommen.

Ententräumereien

Diezel schreibt in seiner »Diezels Niederjagd« aus dem Jahre 1922 im Abschnitt über Wildenten: »Man könnte mir bei diesem Kapitel den Vorwurf machen, dass es heutzutage kaum noch nötig sei, eine Anweisung zur Entenjagd zu schreiben, da diese um mehr als ein halbes Jahrhundert zu spät komme, weil es in den meisten Gegenden Deutschlands fast keine Enten mehr gäbe.«

»Hoch in den Lüften seh' ich einen Schwarm
Von wilden Enten raschen Fluges streichen,
Vergebens zuckt der Zwilling mir im Arm,
kaum eine Kugel würde sie erreichen.«

Die Befürchtungen Altmeister Diezels haben sich nicht bestätigt. Stockenten haben sich als sehr anpassungsfähig erwiesen, sind auf vielen heimischen Gewässern anzutreffen und aufgrund der spannenden Bejagung zum begehrten Jagdwild geworden.

Harren auf singenden Schwingenschlag

Je mehr die Dämmerung fortschritt, desto unruhiger wurde der Hund, der neben dem Jäger hinter einer hohen Eiche am Teich stand, blickte gespannt zum dunkler werdenden Himmel, und der Jäger fühlte, dass sein vierläufiger Gefährte genauso ungeduldig war wie er.

Die Umrisse am gegenüberliegenden Waldrand verschwammen langsam. Plumpste eine Eichel ins Wasser, durchfuhr es beide gleichermaßen, der Mann fasste die Flinte fester, und mit stetig schwindendem Licht kamen sie, kurz nur durch klingenden Flügelschlag angekündigt, die schweren Herbstenten, und

ließen sich wie Steine durch die dichten Kronen der hohen Eichen aufs Wasser fallen. Dann hieß es, mit der Flinte im Voranschlag, die Breitschnäbel zu erwarten, in wenigen Sekunden abzupassen – nur so waren die geringen Chancen, zu Schuss zu kommen, zu nutzen.

Spannende Minuten waren es jedes Mal, der Waidmann denkt gern an sie zurück, aber auch an Diezels Befürchtungen, während er im Schutz der Erlen an dem kleinen Fluss steht. Die hohen Bäume geben ihm ausreichend Deckung nach oben, sodass er von den vorsichtigen Entenvögeln kaum oder erst spät eräugt werden kann.

Über ihm streicht ein Keil Graugänse dahin, traumhaft schön von der Abendsonne beschienen. Mit dem graublauen Himmel als Hintergrund wirkt ihr Gefieder besonders farbig. Die roten Latschen sind klar zu erkennen, doch für einen sicheren Schrotschuss streichen die Vögel zu hoch.

Die letzten Sonnenstrahlen tränken das absterbende, leise raunende Schilf in goldenes, leuchtendes Licht und zaubern wunderschöne Spiegelungen auf die Wasserfläche. Das silbrig glänzende Nass plätschert ruhig und gleichmäßig. Sachte schwingen die Köpfe der dunkelbraunen Halme im Wind auf und nieder, hin und her. Sie sind schwer geworden und von der Farbe des Herbstes, die leichten Bewegungen der zarten, grünen Rispen sind vorüber.

Ein Bisam rinnt zehn Meter entfernt durch den Fluss. Plötzlich planscht es laut, aus dem geraden Keil auf der Wasseroberfläche sind unruhige Ringe geworden, die immer breiter ausschwingen. Der Bisam ist weggetaucht.

Eine sichere Doublette für jeden guten Schützen.

Der Anstand

Die Enten halten an diesem Platz seit langer Zeit dieselben Flugrouten ein, obwohl sich Vegetation und Bewuchs in den letzten Jahren verändert haben. Als winzige Punkte tauchen sie am Horizont auf, vergrößern sich rasch, um mit singenden Schwingenschlägen wieder kleiner zu werden, bis die Augen sie verlieren.

Viele Male hatte der Mann mit seinem Hund schon an dieser Stelle auf dem Entenstrich gestanden und mit zunehmender Erfahrung manchen Breitschnabel aus dem dämmrigen Abendhimmel geholt. Als junger Jäger kamen ihm die Vögel viel zu schnell vor. Seine Reaktionsfähigkeit reichte für ihren rasanten Flug nicht aus, er unterschätzte Entfernung und Geschwindigkeit, doch mit steigender Routine wurde er sicherer und zahlreiche Erpellocken hat er sich seitdem als bescheidene Trophäe hinter sein Hutband gesteckt.

Mit diesen gekrümmten Federn hat es eine besondere Bewandtnis:

Stockerpel sind für »Vielweiberei« und »treulosen« Lebenswandel bekannt. Schlossen früher zwei Menschen den Bund fürs Leben, legte die besorgte Mutter dem Töchterlein vor der Trauung einige Erpellocken in den linken Schuh. So konnte die junge Frau ihren Mann für immer an sich binden, erzählt man es sich in der Lüneburger Heide.

Dort, wo das Wasser die Uferböschung ausgehöhlt hat, trippelten noch vor wenigen Wochen Bachstelzen unter dem freigelegten Wurzelwerk auf dem weißen Sand, und Weidenmeisen turnten in den hängenden Zweigen der Trauerweide umher. Familie »Wippsteert« ist bereits Richtung Süden gezogen, trotzdem herrscht noch reges Leben an dem kleinen Fluss. Ein Eisvogel schießt mit schrillem Ruf vorüber,

Bei der Arbeit im hohen Schilf ist der Hund besonders gefordert.

und die im Vergleich zu dem schillernden Edelstein unscheinbare Wasseramsel knickst dort, wo die Bachstelzen schwanzwippend entlangeilten. Im Geäst der Erlen turnt ein Zaunkönig herum, den kurzen Stoß frech in die Höhe gereckt, knickst er wie ein Rotkehlchen und schwirrt davon.

Beruhigende, trotzdem gespannte Stimmung macht sich breit, Ruhe, Erwartung, Stille und Hoffnung – dem Zauber des Herbstabends bewusst entgegensehend, kommen Erinnerungen auf und verrinnen.

Verscheucht sind Träume und Gedanken

Erst fernes, dann sich rasch näherndes »Klingeln« in der Luft verrät anstreichende Enten, reißt den Jäger aus seinen Träumereien, lässt Sinne und Flinte auffahren, aber zu langsam. Ist man mit seinen Gedanken nicht voll bei der Sache, sollte man nicht zur Jagd gehen. Die beiden Schüsse bewirkten lediglich, dass die Munition weniger wurde.

Als die Langhälse vorübergestrichen sind, nehmen die Flintenläufe, aus denen leichter Rauch quillt, zwei neue Schrotpatronen auf. Ärgerlich hebt der Schütze die abgeschossenen Hülsen aus dem Gras und steckt sie in seine Jackentasche.

Auf der Wiese hat sich ein Silberreiher niedergelassen und wartet stocksteif auf Beute. Schneeweiß leuchtet sein Gefieder herüber. Erst seit wenigen Jahren haben sich die grazilen Schreitvögel diese Gegend als Heimstatt erobert.

Erneut sind zwei Enten über dem Wartenden. Zu spät haben er und sein Hund sie wahrgenommen. Er schlägt zwar an, schwingt mit den Läufen mit, setzt die Flinte dann aber wieder ab. Disziplin macht die Jagd – und das Leben – einfacher. Die Enten strichen zu hoch.

Weit am Horizont erscheint wieder ein Schoof. Winzig klein wirken die Vögel – wie Mücken in einem Schwarm. Schon sind sie heran, die Flinte liegt an der Schulter und stoppt die sausende Fahrt eines der Breitschnäbel. Im Schuss lässt er die Schwingen hängen, stürzt zu Boden und schlägt dumpf am Uferrand auf.

Die anderen Enten verschwimmen im Nu wieder im diffusen Licht der anbrechenden Dämmerung und verschwinden, während die Kleine Münsterländerin den farbenprächtigen, schweren Erpel im Fang, bereits wieder vor ihrem Herrn sitzt und ihre Beute abliefert.

Leichter Dunst steigt aus Wiesen, Weiden und Gräben. Es wird kühler. Der Hund hatte sich niedergelegt, sitzt nun aber wieder zitternd vor Spannung und voller Erwartung neben seinem Führer. Es plätschert und gurgelt, ein stimmungsvoller Abend neigt sich seinem Ende entgegen.

Da, ein kehliger Schrei, und noch einmal. Eine einzelne Gans streicht hoch über Jäger und Hund hinweg, bemerkt die beiden erst, als die sich in ihrer Deckung bewegen, trudelt im Schuss aus dem Himmel der Erde entgegen und prallt wenige Meter entfernt im Uferbewuchs auf den Boden.

Die Dämmerung klopft zaghaft an, betritt schließlich in Riesenschritten das Wiesental, das Licht ist endgültig der Dunkelheit gewichen.

Ab und an ist noch leises Klingeln hoch vorüberstreichender Schoofe zu vernehmen, Hund und Herr versuchen mit den Augen die Verursacher zu erhaschen – erfolglos. Nur das Ohr verrät die schnellen Flieger und bestätigt ihre Anwesenheit.

Wie gut, dass sich Diezels Thesen nicht bewahrheitet haben.

Dankbares Innehalten nach erfolgreicher Jagd.

Abendstimmung im Paradies
der Wasservögel.

Die Jagd mit Lockvögeln

Früher verwendete man meist lebende Lockvögel, die mit einer an das Ruder geknüpften Schnur »festgebunden« wurden. Bereits ein Tier reicht oftmals aus, indem es beim Nahen streichender Schoofe schallende Sehnsuchtsrufe ertönen lässt und somit auf sich aufmerksam macht.

In Amerika reicht die Tradition der Lockvogeljagd und des Sammelns von künstlichen Lockvögeln bis ins 18. Jahrhundert zurück. Auf einer Auktion wurden erst kürzlich bei der Versteigerung einer geschnitzten Holzente über eine Millionen Dollar erzielt. Die Jagd mit den sogenannten »Decoys«, naturgetreuen Nachbildungen aus Holz oder Kunststoff, auf Federwild ist aber auch in Europa eine uralte, heute noch beliebte Jagdart.

Der Jäger verbirgt sich hinter einem Schirm oder in natürlicher Deckung und erwartet an den Attrappen, die in guter Schrotschussentfernung vor dem Stand ausgelegt wurden, das anstreichende Flugwild.

Die künstlichen Lockvögel täuschen gesellig lebenden Arten wie Enten, Gänsen, Krähen und Tauben, Artgenossen vor und bewegen sie zum Einfallen.

Lockvögel müssen je nach Wildart, die es zu bejagen gilt, nach einem bestimmten Schema aufgestellt werden. Je mehr, desto stärker ist die Lockwirkung. Mit dem erlegten Federwild kann das Lockbild ständig verbessert und vergrößert werden.

Wichtig ist dabei, die Windrichtung zu beachten, Vögel fallen zumeist gegen den Wind ein.

Die Taube hat auf jeder Feder ein Auge.

Alte Jägerweisheit

Man ist als Schütze auf der Jagd mit Lockvögeln stärker gefordert als bei anderen Flugwildjagden. Besonders Tauben streichen die Attrappen von allen Seiten in unterschiedlichen Höhen und Geschwindigkeiten an, man kann sich nicht, wie auf getriebene Vögel oder wie auf dem Strich, »einschießen«.

Ringeltauben sind sehr schnelle und zudem wendige Flieger, daher muss von jedem verantwortungsvollen Jäger vorher auf dem Stand das Schießen auf Wurftauben geübt werden. Außerdem muss stets ein brauchbarer Hund bei der Jagd dabei sein, denn oft ist es ohne ihn unmöglich, die erlegten Tauben in dichten Sträuchern zu finden.

Bei der Jagd mit Lockvögeln auf die Ringeltaube, den »Auerhahn des kleinen Mannes«, gilt ganz besonders der Grundsatz: »Deckung geht vor Blickfeld.« Nicht umsonst besagt ein altes Jägersprichwort: »Die Taube hat auf jeder Feder ein Auge.«

Außerordentlich wichtig ist daher die Tarnung des Schützen, denn Tauben, aber auch Rabenvögel, Enten und Gänse äugen sehr gut und nehmen Bewegungen leicht wahr. Am besten ist ein Tarnanzug, auch auf Tarnhandschuhe und Gesichtsmaske sollte man nicht verzichten.

Mit künstlichen Lockgänsen werden die Vögel animiert einzufallen.

Taubensegen

Die Schäden, die die grauen Flieger in der Landwirtschaft angerichtet haben, sind enorm. Eine Ringeltaube nimmt bis zu 1.300 Weizenkörner, ungefähr 150 Gramm, an einem Tag auf. Man benötigt, um ein eineinhalbpfündiges Weißbrot zu backen, 900 bis 950 Gramm Weizen, so viel, wie eine Taube in einer Woche vertilgt. Kein Wunder also, dass die Landwirte den Jäger willkommen heißen, als er auf ihrem Grund den gefräßigen Feinschmeckern nachstellen möchte.

Gerste, Raps und Roggen sind bereits geerntet und zahlreiche Ringeltauben haben sich auf den Stoppeln versammelt, immer mehr streichen hinzu und lassen sich neben ihren Artgenossen nieder. Geschwind fahren Jäger und Hund den Acker an. Beim Nähern erheben sich die graublauen Vögel und verschwinden am Horizont. Einige kommen zurück, kreisen und streichen wieder fort.

An einer schmalen Weißdornhecke ist unter einer hohen Pappel flink ein einfacher Schirm aus vier Drahtstäben und einem grünen Tarnnetz aufgebaut.

Froh locket

Hier noch vorsichtig ein Zweig abgeknickt, dort behutsam das Netz etwas höher gezogen, dann scheint die Deckung perfekt.

Das Verteilen der Lockvögel ist ebenfalls schnell erledigt. Zwei am Vortag geschossene Tauben aus der Tiefkühltruhe werden in zwanzig Meter Entfernung mit dem Kopf in Windrichtung auf den Acker gelegt. Zwei künstliche »Gummivögel« mit dem Kopf in die Stoppeln, um äsende Vögel vorzutäuschen, zwei weitere, durch einen kleinen Ast gestützt, mit erhobenem Kopf sollen Aufmerksamkeit signalisieren.

Auf einen knapp anderthalb Meter langen Draht, an dessen Ende eine Gabel befestigt ist, wird die letzte Taube gespannt. Der Spieß steckt in der Erde. Das obere Ende mit dem Lockvogel schaukelt im leichten Wind und imitiert täuschend ähnlich eine einfallende Ringeltaube.

Hund und Jäger kauern nun verborgen vor misstrauischen Taubenaugen, trotz allerlei blutrünstiger Insekten, die sie piesacken, stocksteif, erwartungsvoll, gespannt im Schirm und starren durch das zerschlissene Tarnnetz auf die am offenen Feld ausgelegten Lockvögel und warten.

Die Stoppeln sind nicht kahl und eintönig, wie es auf den flüchtigen Blick den Anschein gehabt hatte. Sie werden von kleinen, grünen Stauden unterbrochen, hier und dort sprießt ein Büschel Gras, mitunter blüht eine weiße Blume oder leuchtet eine gelbe auf dem weiten Feld. Und dicht am Boden, in den ausgefahrenen breiten Reifenspuren, die schwere Erntemaschinen als tiefe Wunden hinterlassen haben, haben sich Klee sowie anderes Kraut ausgesamt, bilden im Schutz der abgeschnittenen, harten Strohhalme einen dichten Teppich.

Der Wind weht den Geruch von trockenem Stroh und frisch gemähtem Getreide herüber. Er steht günstig, Nackenwind. Noch viel wichtiger als die Windrichtung aber sind Deckung für den Jäger und in der Nähe des Standes passende Sitzbäume, auf denen die grauen Flieger ausruhen, verdauen und beobachten können.

Die Jagd mit Lockvögeln

Die Tauben sind Störungen durch Arbeiten auf den Feldern offenbar gewöhnt, die beiden brauchen nicht lange zu warten, doch trotz Tarnkleidung, Gesichtsmaske und Händeschutz: eine hastige, unbedachte Bewegung, bevor die Vögel auf Schussnähe heran sind, genügt, sie steigen auf und verschwinden unerreichbar für die Schrote. Es bedarf mehrerer Fehlschüsse, bis Anschlag und Mitschwingen wieder zu einer harmonischen, fließenden Einheit werden.

Die nächsten Tauben erblickt der Jäger zwar zeitig, reißt aber viel zu früh die Flinte hoch, worauf die Vögel abdrehen.

Lange tut sich nichts mehr am Himmel, kein Vogel weit und breit, bis in der Ferne mehrere Schüsse fallen, eine einzelne Taube anstreicht, das Lockbild umrundet und sich pfeilgerade in dem Wellenflug, der einfallenden Tauben eigentümlich ist, wenn sie im Herabfliegen aus großer Höhe die Schwingen falten,

Links
Tarnung ist (fast) alles.

Folgende Doppelseite
Maschinengepresste Rundballen haben bei der Blattjagd die von Hand aufgestellten »Hocken«, die dem Jäger früher Deckung beim Anschleichen boten, abgelöst.

Die Jagd mit Lockvögeln

dann wieder gegen den Wind auseinanderbreiten, um den rasanten Flug abzubremsen, in der Pappel niederlassen will. Schuss, noch ein Schuss, zweimal fliegen über 200 Schrotkugeln wirkungslos in die Luft und eine gesunde Taube von dannen.

Schon wieder segelt eine Taube herbei, das Korn der Flintenläufe überholt sie von hinten, verdeckt für wenige Augenblicke den Wildkörper, und nach dem zweiten Schuss liegt ein weiterer Lockvogel auf den Stoppeln.

Zehn, zwölf Geringelte kreisen über dem Schirm, wollen in schaukelndem Flug neben ihren noch steif gefrorenen Artgenossen einfallen, prasseln aber nach einem Schuss erschreckt davon, bis auf eine, die auf den Stoppeln liegen bleibt.

In dem aufgeregten Geflatter muss ein zweiter Schuss unterbleiben. Zu dicht fliegen die Vögel beisammen, und als der Flug sich auflöst, ist er für einen sicheren Schrotschuss zu weit vom Schirm entfernt.

Gleich darauf kommt erneut eine Taube angestrichen. Der tief am Boden kauernde Jäger bemerkt sie aber, da er noch mit eiligem Nachladen beschäftigt ist, erst, als sie fast über ihm ist. Ehe er die Flinte geschlossen und an der Backe hat, ist sie von den dichten Zweigen der Pappel verdeckt und in Sicherheit vor seinen Schroten.

Nun bleibt er aufmerksamer und schneller. Hoch streichen Tauben heran, kreisen, schrauben sich tiefer, wollen zu Boden schaukeln und es gelingt eine Dublette.

Tricksen, tarnen, täuschen

Erneut schwingt sich eine Geringelte über ihm in die hohe Pappel ein. So starr und steil er aber auch unter seiner breiten Hutkrempe nach oben stiert, Ge-

nick und Hals verdreht, er kann den grauen Flieger im dichten Laubgewirr nicht ausmachen, bis der sich mit sirrendem Schwingenschlag unbeschossen in Sicherheit bringt.

Hoch oben, nahe den tief hängenden Wolken, hassen zwei Krähen auf einen Roten Milan. Die aufgeregten Rabenvögel machen den Jäger erst mit ihren aufgeregten Rufen auf die Attacken gegen den Greif aufmerksam. Mit geschickten Schwingenschlägen versteht sich die Gabelweihe den Angriffen zu entziehen, und bald sind alle drei verschwunden.

Noch einmal geht der Blick des Jägers gebannt nach oben, und dann prasseln Blätter und Zweige nach seinem Schuss aus dem Geäst der Baumkrone. Dazwischen klingt der dumpfe Aufprall des getroffenen Vogels auf den Erdboden.

Blaulilafarbene Disteln wiegen sich im Wind. Aus einer der Blüten krabbelt eine dicke Hummel und brummt davon. Eine große Libelle schwebt vorüber. In seiner Angespanntheit nur auf *Columba palumbus* konzentriert, lässt sie Mann und Hund für einen Moment zusammenfahren.

Wieder steuern Tauben zielstrebig die Lockvögel an, wollen sich in spiralförmigen Drehungen niederlassen, legen, wie auf einen geheimen Befehl hin, ihre Schwingen nach hinten, segeln tiefer, immer näher, und als die Flinte im Anschlag liegt, ist es bereits für zwei der eleganten Flieger zu spät. Zwar steilen sie noch hoch, nachdem sie den fast mit seiner Deckung verschmelzenden Jäger hinter seinem Schirm eräugt haben, aber ein Doppelschuss lässt zwei herunterfallen, während der Rest des Fluges erschrickt, aber unbehelligt davonflattert.

Nun streichen nur noch vereinzelt und zu weit Tauben vorüber. Und wenn kaum Wildbewegung ist,

Jagen ohne Hund – auch bei der Jagd mit Lockvögeln nicht diskutabel.

Die Jagd mit Lockvögeln

Die Jagd mit Lockvögeln

wird man unaufmerksam, gerät ins Träumen oder Grübeln.

Gerade aber auf der Jagd gilt es, alle Sinne angespannt zu haben. Viel Zeit verstreicht, ohne dass etwas Aufregendes geschieht, dann muss der Jäger blitzschnell reagieren, doch die das Lockbild anstreichenden Vögel haben ihn eräugt, bevor er die Flinte in Anschlag gebracht hat.

Dann macht sich der Mann noch kleiner, schmiegt sich noch dichter an den Erdboden, zwei der blaugrauen Vögel sind vor ihm eingefallen. Er hatte nicht bemerkt, wo sie hergekommen waren, als er sich hin-

ter dem Tarnnetz aufrichten will, bemerken sie ihn und flattern mit wilden Schwingenschlägen im Zickzackflug davon. Zwei Schüsse fallen, von denen lediglich die Patronenhersteller profitieren.

Erneut kommt eine Taube angestrichen. Der Mann im Schirm registriert sie durch die kleinen Löcher im Tarnnetz erst spät, wirft ungezielt, reflexartig, einen Schuss hinterher und ist erstaunt, dass sie in einer aufstäubenden Federwolke zu Boden trudelt.

Irgendwo arbeitet noch ein Trecker auf dem Feld, ab und zu quorren Krähen in der Ferne, Tauben sind nicht mehr auszumachen.

Auch bei der Krähenjagd gilt: je mehr Lockvögel, desto besser.

Die Jagd mit Lockvögeln

Der Himmel bezieht sich, es beginnt zu regnen. Die Handschuhe, die der Jäger trägt, um die helle Hautfärbung und damit verräterische Bewegungen der Hände zu tarnen, sind bereits pitschnass, seine Finger werden klamm.

Schließlich kommen noch einmal zwei Tauben auf den Schirm zugestrichen. Nur zwei dunkle Punkte nimmt er am Himmel wahr, die sich im rasanten Tempo nähern, und nach zwei einfachen Schüssen, der erste nach vorn, der zweite über Kopf, platschen die beiden feisten Vögel zwischen ihre künstlichen Kameraden auf den feuchten Boden. In der Luft schweben nur noch ein paar vereinzelte Federchen, die der leichte Wind davonträgt.

Der Regen wird stärker. Für heute geben Hund und Jäger auf. Taubenregen statt Taubensegen.

Auf den ersten Blick sind es nur hübsche, blaugraue Vögel, die auf der Strecke liegen. Eine Fabel über die Schöpfung sagt, dass, nachdem der liebe Gott allen Vögeln ihr buntes Federkleid gegeben hatte, die Taube von ihm vergessen worden war. Als sie sich bescheiden und traurig meldete, kratzte Gott mitleidig aus allen Töpfen die letzten Farbreste zusammen und malte damit ihre Federn an. Daher hat die Taube von allen Farben etwas mitbekommen.

Es liegt bereits ein Hauch von Wehmut über dem abgeernteten Schlag. Goldgelb schimmern die Stoppeln. Das rastlose hektische Treiben auf den Feldern ist vorüber, kaum noch eine Spur lauter Geschäftigkeit der Bauern, ratternder Traktoren und Staub aufwirbelnder Mähdrescher stört. Das Land kommt allmählich zur Ruhe.

Ein Turmfalke rüttelt über Hund, Herrn und Strecke und prüft die Speisekarte unter sich auf dem abgeernteten Maisschlag. Der kleine Greif hatte in einer

Erle am anderen Ende des riesigen Schlages in einem verlassenen Rabenkrähenhorst genistet, nun sind seine Jungen erwachsen.

Mehr als sechs Stunden hatte der Schütze mit seinem Hund in dem engen Schirm verbracht, mehr als 360 Minuten, und jede war anders, keine war langweilig, und jeder der erlegten Vögel ist mit spannenden Situationen oder besonders gekonnten Schüssen gleichzusetzen, meditiert der Jäger am Ende des stimmungsvollen Jagdtages und genießt nachdenklich den eigenartigen Zauber, der über Feld und Flur liegt.

Der Turmfalke, ein eifriger Mäusejäger, rüttelt über dem Feld und hält Ausschau nach Beute.

Die Treibjagd

Barbarisch anmutende, schwer bewaffnete Fremde ziehen in Heerscharen in den Kampf – sehr bildhaft beschreibt der Dichter Hermann Löns in seiner Tiergeschichte »Mümmelmann« eine Gesellschaftsjagd auf Hasen aus der Sicht der »Angegriffenen«.

»Gesellschaftsjagd« heißt, dass mehr als drei Personen als Jagdausübende daran teilnehmen. Neben der (Ansitz-)Drückjagd ist die Treibjagd wohl die verbreitetste Form der Gesellschaftsjagd.

Im engeren Sinn heißt Treibjagd die Jagd auf Niederwild (außer Rehwild), bei der eine Gruppe in Linie aufgestellter Treiber, die Treiberwehr oder Treiberkette, (mit Hunden) das Wild hoch (= flüchtig) macht und vor die Schützen bringt, im Gegensatz zur Drückjagd (oder zum Riegeln), die sich auf Schalenwild bezieht und bei der nur wenige Treiber im Einsatz sind. Treibjagd im weitesten Sinn ist jede Jagd, auf der das Wild vorstehenden Schützen zugetrieben wird.

Treibjagden als gebräuchlichste Jagdart auf Niederwild in Feldrevieren bedürfen keiner so intensiven Vorbereitung. Die Größe der zu bejagenden Fläche bestimmt die Anzahl der notwendigen Schützen und Treiber. Nachdem alle Schützen ihre Plätze eingenommen haben, wird das Treiben von einem Bläser der Schützenlinie angeblasen. Andere Bläser stimmen dazu ein. Nach dem Anblasen setzt sich die Treiberwehr in Bewegung und es darf geschossen werden. Die Verständigung zwischen Jagdleitung, Schützen, Treibern, Hundeführern und anderen Jagdhelfern er-

*Sie zogen aus, bis an die Zähne bewaffnet,
an die dreitausend, an die dreihundert, an die dreißig,
schrecklich anzusehen in ihrem Kriegsschmucke.*

Hermann Löns »Mümmelmann«

folgte früher fast ausschließlich durch Hornsignale. Je nach Örtlichkeit wird zwischen Wald- und Feldtreiben unterschieden.

Man spricht von Stand- oder Vorstehtreiben, bei dem die Jäger vorstehen, und von Kesseltreiben, bei denen nur mit Schrot geschossen wird und abwechselnd postierte Schützen und Treiber einen Kreis bilden. Jäger sowie Jagdhelfer marschieren dann gemeinsam auf den Mittelpunkt zu. Zu Beginn darf in das Treiben (den Kessel) geschossen werden, ab einer Gefährdungsdistanz von weniger als 400 Meter Durchmesser wird auf das Signal »Treiber in den Kessel« hin nur noch nach außen geschossen. Durch kleiner werdende Reviere und abnehmende Niederwildbesätze wird diese alte Jagdart kaum noch ausgeübt.

Auch die Streife oder Streifjagd, bei der Schützen und Treiber gemeinsam vorgehen, ist eine Form der Treibjagd.

Eine gelungene Treibjagd schließt mit dem Legen und Verblasen der Strecke, einem »Schüsseltreiben« (Jagdessen) und der anschließenden Verwertung des erlegten Wildes zum Lebensmittel ab.

Links

Wenn die Felder abgeerntet sind und keine Feldfrüchte beschädigt werden können, beginnt die Zeit der Treibjagden.

Folgende Doppelseite
Links

Aufsteigende Hähne lassen den Puls von Hund und Herr höher schlagen.

Rechts

Frohe Gesichter zu Beginn der Jagd.

Im Niederwildparadies

Die Einladung kam bereits vor einem Monat, und es bedeutete Warten, dreißig Tage lang Vorfreude auf die bevorstehende Treibjagd, dann ist es endlich so weit.

Am Stelldichein wird der Jagdgast von den aufgeregten Hauptakteuren mit ihren signalfarbenen Halsungen, einer quicklebendige Hundeschar, empfangen. Ein junger Drahthaar, zwei würdige Labradore,

Und schließlich erlöst das Signal »Aufbruch zur Jagd« die besonders Ungeduldigen, endlich geht es los!

ein quirliger Terrier und zwei elegante Münsterländer können ihre Passion kaum zügeln und begleiten stimmgewaltig die Jagdhornbläser beim Signal »Begrüßung«.

Ältere Männer, halbwüchsige Jungs und einige Frauen in leuchtend roten Westen erwarten mit strahlenden Augen, fröhlich ihre Treiberstöcke schwingend, ebenfalls den Beginn und bereichern das Bild dieser Jagd.

Dann erklärt der Jagdherr der erwartungsvoll lauschenden Jagdkorona »wie der Hase läuft«, geht auf Sicherheitsvorschriften ein und erläutert die Freigabe: Füchse, Fasane, Schnepfen, Tauben und Hasen dürfen geschossen werden, und schließlich erlöst das Signal »Aufbruch zur Jagd« die besonders Ungeduldigen, endlich geht es los.

Vor den Schützen erstreckt sich ein riesiges Zuckerrübenfeld, links liegen braune, abgeerntete Sturzäcker, begrenzt von Hecken und Knicks, in der Ferne schimmert, von goldenen Sonnenstrahlen getroffen,

Grünland. Dazwischen stehen Maisfelder und eingesprengte Buschgehölze. Abwechslungsreiche Landwirtschaft, so weit das Auge reicht, eine Landschaft, die dem Niederwild noch beste Lebensbedingungen beschert.

Es dauert fast eine halbe Stunde, bis das riesige Treiben abgestellt ist, 30 erwartungsvolle Minuten.

In der Ferne erkennt man, wie sich auf der gegenüberliegenden Seite des Treibens die Jäger unter einer Reihe Leitungsmasten postieren. Manche der wartenden Männer verschwimmen fast mit den dicken Pfosten, andere stehen daneben und sind, nicht nur für das Wild, weithin zu sehen.

Im sich allmählich beziehenden Himmel kreist ein Mäusebussard. Der träge erscheinende Greif hat sich der Kultur angepasst und profitiert von ihr. Offensichtlich wartet er darauf, an der Jagdbeute teilzuhaben. Mehr als fünfzig Prozent des mitteleuropäischen Bussardbesatzes leben in Deutschland. Die Vögel haben mittlerweile die Rolle der ausgestorbenen Geier als »Gesundheitspolizei« übernommen.

Dann erklingt weit entfernt endlich das Signal »Anblasen des Treibens«, ein Bläser beginnt, ein zweiter fällt ein, und ein drittes Horn wiederholt noch einmal das Signal. Der Wind trägt es davon, weht den Knall einiger Schüsse herüber und, verhalten, dann immer lauter fröhliche Rufe aus begeisterten Treiberkehlen. »Has!, Has!«, und: »Hahn!, Hahn!«, klingt es herüber. Das Gocken aufstehender Hähne geht ins Blut, Schüsse fallen, ab und an beschleunigt Hundelaut die Herzschläge der wartenden Schützen, Treibjagdmusik, die Spannung steigt.

Hier kann nur noch ein guter Hund helfen.

Die Treibjagd

Gespannt wartet der Jäger, die gesicherte Flinte in der Armbeuge, auf Wild. Sein Hund sitzt ebenso gebannt neben ihm und blickt konzentriert in das Treiben. Zwei Stände weiter fällt ein Schuss, und anschließend leuchtet ein weißer Hasenbauch auf dunkler Erde. Ein Labrador stürmt los, sucht und apportiert den erlegten Mümmelmann.

Ein Hahn streicht flach auf den Jäger zu. Als er den passiert hat, saust die Flinte an die Wange, zwei Schüsse, zweimal vorbei, und ein Standnachbar schüttelt ungläubig mit dem Kopf.

Da! Ein weiterer Fasanenhahn gleitet entlang der Schützenkette quer über das Feld. Anschlagen, mitschwingen, schießen, der hübsche Vogel fällt, ein feister Labrador, er wirkte bisher bequem und müde, rast los und bringt ihn seinem Herren. Ein wunderschönes Bild.

Weit entfernt streichen sehr hoch Tauben vorüber. Plötzlich wird der Flug gestoppt. Kraftlos trudelt einer der grauen Flieger zur Erde, dann erst weht der Wind den Knall eines Schusses, eines Meisterschusses, herüber, und der Jäger beobachtet, wie sein übernächster Nachbar die Flinte aufklappt und nachlädt.

Ende des ersten Treibens. Für die Hunde war es kräftezehrend, durch das Rübenkraut zu jagen. Trotz heraushängender Zunge und lautem Hecheln, merkt man ihnen aber die Anstrengung kaum an. Voller Tatendrang springen sie umher und freuen sich, wie die zweibeinigen Jagdhelfer und die Schützen, auf das zweite Treiben.

Erwartung »pur«

Beim Angehen an einem großen abgeernteten Maisschlag bringen bereits zwei Hasen ihren Balg und ein Fasan sein leuchtendes Gefieder in Sicherheit.

Die Treibjagd

Am Horizont erhebt sich ein Schwarm Rabenkrähen, bald sind nur noch die Rufe der schwarzen Gesellen zu hören.

Dann ist es wieder ein Hase, dem die ganze Aufmerksamkeit gilt. Wie hypnotisiert starrt auch die Hündin auf den näher kommenden Mümmelmann. Hundert Meter, achtzig, sechzig – der Hund sitzt wie

Offenbar ist es im wahrsten Sinne des Wortes ein »alter Hase«, der das Spiel bereits kennt, denn er erscheint nicht noch einmal, hat sich irgendwo erfolgreich in seiner Sasse gedrückt.

ein Denkmal, vierzig Meter, dreißig, dann biegt Lampe ab. Die Flinte saust an die Backe. Ein Doppelschuss, Wolle stiebt, und der Krumme bleibt im Schrothagel. Auf dem braunen Boden ist er kaum auszumachen.

Auf Befehl hin stürmt die Kleine Münsterländerin los, fasst ihre Beute erst zu weit vorn, korrigiert den Griff, kommt stolz mit dem Hasen im Fang zurück und umrundet ihren Herrn zweimal, bevor sie sich setzt und den Krummen übergibt.

Hinter einem Haufen aufgeschichteter Rundballen aus Stroh am Rand des Feldes hoppelt ein Hase hervor, baut einen Kegel und ist dann nicht mehr zu sehen. Offenbar ist es im wahrsten Sinne des Wortes ein »alter Hase«, der das Spiel bereits kennt, denn er erscheint nicht noch einmal, hat sich irgendwo erfolgreich in seiner Sasse gedrückt.

Nach Abblasen des zweiten Bogens geht es nach kurzer Lagebesprechung auf zum dritten Treiben, einem Senffeld.

In breiter Front ziehen Jäger, Treiber und Hunde durch das hohe Kraut. Immer wieder erscheint ein brauner Kopf über den hohen Senfstauden, und die

roten Halsungen leuchten kontrastreich in dem grünen Bewuchs, bevor sie wieder im dichten Gewirr untertauchen.

Da purrt ein Fasanenhahn hoch und gleitet vor den Schützen entlang. Zwei Stände weiter fällt er im Schrothagel wie ein Stein zur Erde. »Apport!«, und noch einmal lauter: »Apport!«, hört man die Stimme eines Hundeführers, ein Kleiner Münsterländer prescht vor, verschwindet zwischen den Senfstauden und bringt wenig später in hohen Sprüngen den bunt schillernden Hahn im Fang. Welch schöner Abschluss des Treibens.

Im nächsten Treiben steht der Jäger an einem Rapsfeld. Nach dem Hornsignal hat er seine Hündin geschnallt, und schon steht sie vor. Der Puls des Mannes beschleunigt sich. Zwei Hennen gehen kurz vor ihr hoch, wenige Meter prellt die Hündin nach, kommt dann aber auf Pfiff sofort zurück und sucht wieder konzentriert in breiter Quersuche den Acker ab.

Ein Hahn streicht flach auf die Schützenkette zu, kann aber nicht beschossen werden, ohne das Hinterland zu gefährden, ist dann selbst für exzellente Flintenschützen zu weit und fällt, verfolgt von den Augenpaaren mehrerer Menschen und Hunde, unbeschossen vor einem kleinen Buschgehölz einige hundert Meter entfernt wieder ein.

Am offenen Ackerwagen, mit dem Schützen und Treiber – auf Strohballen sitzend – zum nächsten Treiben gefahren werden, hängen bereits fünf Hähne und vier Hasen.

Die Hunde kennen den lauten Trecker und den hohen Kastenwagen mit der angestellten Eisenleiter. In elegantem Satz springt einer nach dem anderen auf die Ladefläche, begrüßt seinen wartenden Herrn oder

Rechts oben
Erst die zweite
Schrotgarbe …

Rechts unten
… beschert dem Großen
Münsterländer Arbeit.

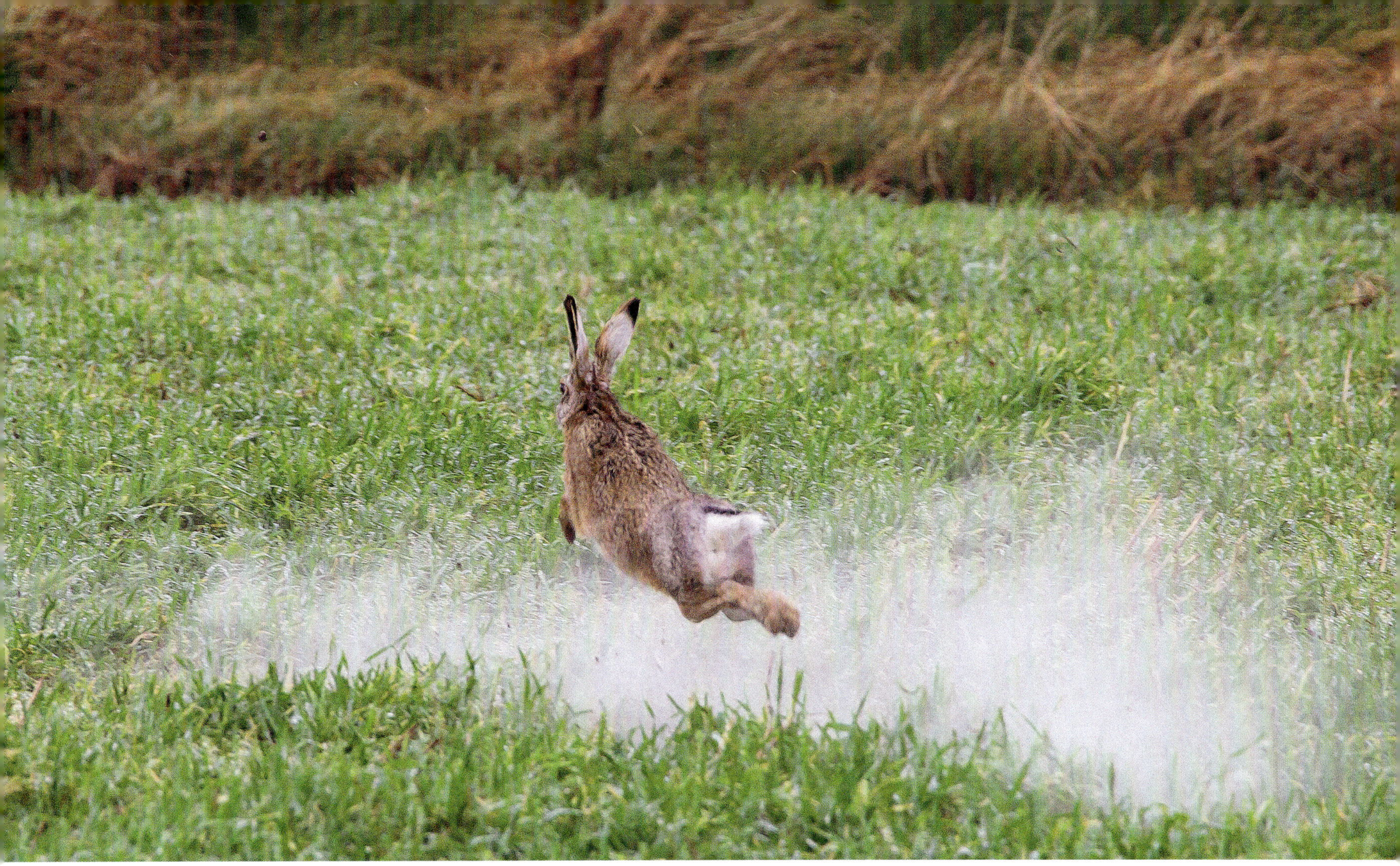

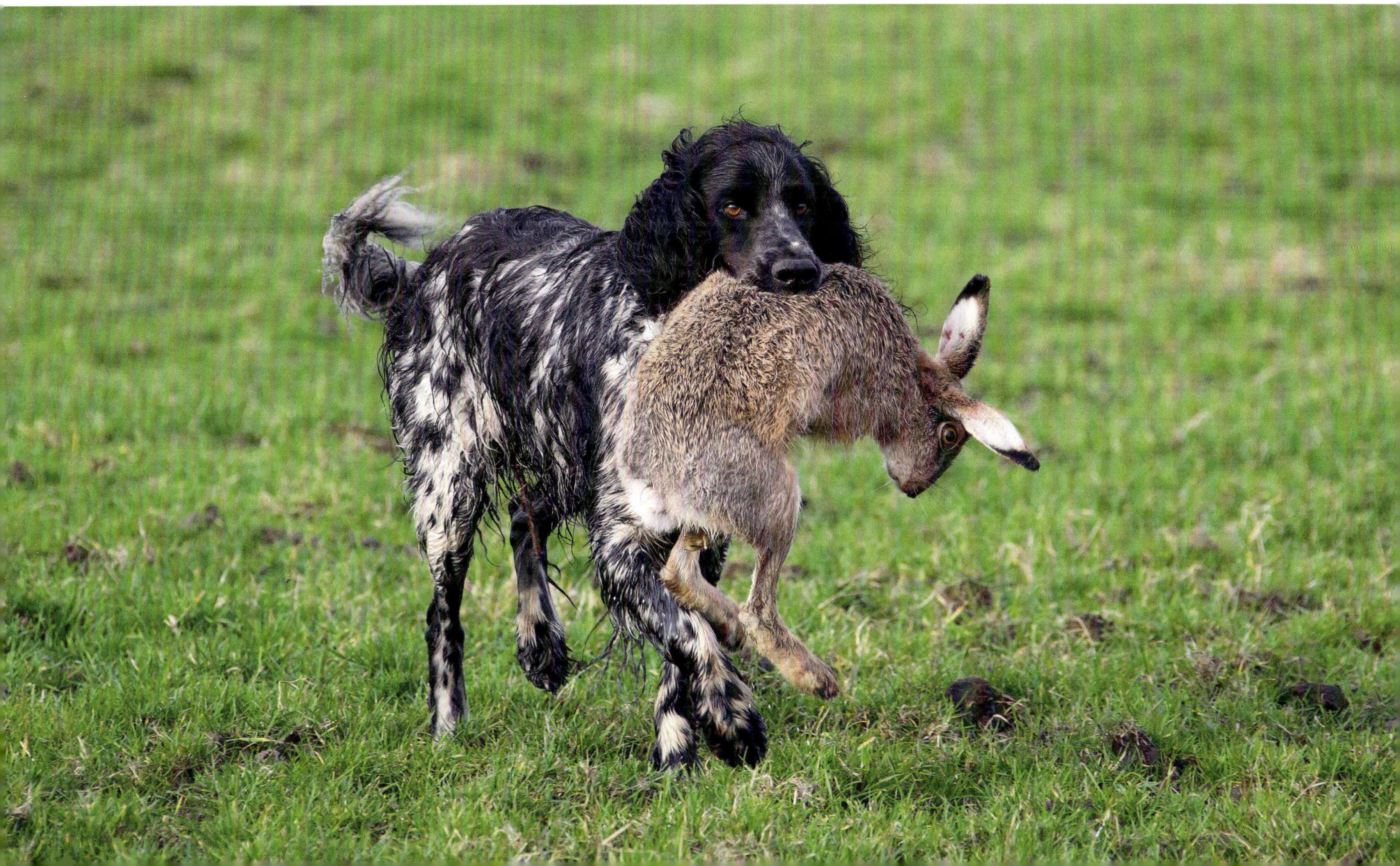

knurrt einen Artgenossen an, bis er an den Riemen genommen wird, um eine Beißerei zu verhindern.

Während sich die Vierbeiner dicht an ihre Führer schmiegen, rumpelt der Wagen gemächlich zu einem zerfurchten Stoppelacker, der noch vor kurzer Zeit ein Maisfeld war. Die breiten Reifenspuren sind mit schlammigem Regenwasser gefüllt.

Treiberrufe, Hundelaut, Flintenkrachen und Fasanengocken – Treibjagdmelodie.

Kurz nach dem Anblasen, der Jäger hat gerade seinen Stand eingenommen, flitzt ein Hase auf ihn zu. Die Flinte saust an die Backe, aber ehe Meister Lampe in günstiger Schussentfernung ist, dreht er ab und flüchtet unbeschossen an der Front aus dem Treiben.

Die Spannung wächst erneut. »Hase!, Hase!«, klingt es wieder und zwischendurch: »Hahn, Hahn!« Schüsse fallen, Hunde suchen eifrig, und drei Treiber tragen je einen Mümmelmann. Immer noch flitzen Hasen vor der Treiberwehr davon, manchmal dicht gefolgt von einem Hund, machen sie sich im wahrsten Sinne des Wortes Haken schlagend vom Acker. Manche rollieren, wenn sie versuchen, durch die Schützenkette zu entkommen.

»Es wird niemals so viel gelogen wie vor der Wahl, während des Krieges und nach der Jagd.«
Otto v. Bismarck

Treiberrufe, Hundelaut, Flintenkrachen und Fasanengocken – Treibjagdmelodie.

Da schwebt ein Fasanenhahn auf den Jäger zu. Der Schaft der Flinte fliegt förmlich vor die Schulter. Kaum im Anschlag, der Hahn ist bereits wieder 40 Meter entfernt, betätigt der Mann den Abzug. Der Stingel des Vogels scheint den gleitenden Flug zu stoppen, biegt sich nach hinten, als wolle der Rest des Körpers ihn überholen, dann fällt der Vogel nach dem Knall der Flinte an den Rand des Feldes.

Flink schnallt der Mann seine Hündin, die das Geschehen gespannt beobachtet hat und zu dem leblos am Boden liegenden Vogel stürmt. Doch der Hund des Nachbarn ist schneller: Bevor die junge Hündin ihre vermeintliche Beute erreicht, wird diese bereits einem Mitjäger apportiert.

Mittagspause am lodernden Feuer – Lachen, Fachsimpeln, Jägerlatein, Zigarrenqualm, heiße Suppe, kühle Getränke und fröhliche Gespräche, bis die Hörner zu weiterer Jagd rufen.

Das Essen und die vielen Kilometer Fußmarsch haben ihre Spuren hinterlassen. Die Treiber sind ruhiger geworden, ganz im Gegensatz zu den Hunden, die weiter ohne Ermüdungserscheinungen suchen.

Der Boden ist durchsetzt mit Lehm oder Ton. Schwere Erdklumpen bleiben an den Schuhsohlen haften und machen das Laufen mühselig. Die Schritte werden von Stunde zu Stunde kürzer und – langsamer.

Ein Turmfalke rüttelt über dem Acker. Als Raubvogel wird er bezeichnet, der elegante Greif erfüllt aber die gleichen Aufgaben in der Natur wie der Mensch: Reduktion und damit Erhaltung eines gesunden Beutebestandes. Allerdings jagt er, im Gegensatz zum Menschen, um zu überleben, meditiert der Jäger.

Dann richtet sich sein Hauptaugenmerk wieder auf das Treiben. Zwei Hasen flüchten über die Wintersaat davon. Hündin und Jäger schauen ihnen nach, bis sie hinter einer Bodensenke verschwunden sind, und es fallen die ersten Schüsse in diesem Treiben.

Dann kommt ein Hase von weit her auf die beiden unverwandt auf den Mümmelmann starrenden, stocksteif wie die viel zitierte Salzsäule Stehenden zu.

Bunte Beute nach erfolgreichem Treiben.

Der aber wechselt seine Richtung. Bevor er nahe genug heran ist, wird er von einem Nachbarschützen beschossen, ruckt im zweiten Schuss zusammen und flüchtet weiter.

Augenblicklich schnallt ein dritter Jäger seinen Kleinen Münsterländer, der in weiten Sprüngen dem Krummen folgt. Der Abstand wird zusehends kleiner. Einige Haken, dann erklingt Lampes Todesklage, und mit erhobenem Kopf apportiert der Hund den Hasen seinem Herrn.

Später auf dem Wagen, der schon gut mit Wild bestückt ist, stöhnt der alte Rüdemann: »Vier Hasen musste ich schleppen, dabei habe ich keinen Schuss in diesem Treiben abgegeben.«

Ein kurzer Regenschauer mindert die Passion und die Begeisterungsfähigkeit der Treiber nicht. Sie schreien, rufen, kreischen, pfeifen und tuten wild durcheinander, wenn ein Hahn aufsteht oder ein Hase davonflüchtet, und die Hunde betrachten den Regenschauer als willkommene Abkühlung.

Es geht zum letzten Treiben. Der Wind wird stärker, kalter Regen hat die Kleidung von Treibern und Schützen durchnässt. Keine ideale Witterung, denn die Hasen drücken sich. Auf schwerem, klebrigem Boden quälen sich die Jäger zu ihren Ständen. Dicke Erdklumpen hängen an den Stiefeln, machen den Marsch immer beschwerlicher.

Das Signal »Anblasen« wird vom aufkommenden Sturm beinahe verschluckt. Nur Bruchstücke erreichen die Ohren der Vorstehschützen. Die Wolken hängen tiefer als zu Beginn der Jagd, und die Sicht ist schlechter geworden.

Auf einer einzelnen Eiche ist ein Flug Ringeltauben eingefallen, streicht aber ab, als sich die Treiber nähern. Zwei Elstern bringen sich ebenfalls erfolgreich in Sicherheit. Steil in die Höhe schrauben sich die gewandten Flieger, Schützen und Treiber haben im wahrsten Sinne des Wortes das Nachsehen.

Ein Hahn steht auf, streicht unbeschossen fort, ein weiterer fällt kurze Zeit darauf in der Mitte des Ackers ein, und dann reitet ein Dritter flach quer an den Schützen vorüber. Als er das Feld verlässt, fällt ein Doppelschuss, wieder haben die Hunde Arbeit.

»Vier Hasen musste ich schleppen, dabei habe ich keinen Schuss in diesem Treiben abgegeben.«

Ein anderer Hahn steilt hoch und fällt in einer aufstäubenden Federwolke in der Schrotgarbe wieder zurück in das Maisfeld.

Zufrieden knickt der Schütze seine Flinte. Da kommt ein Labrador, sein Führer hatte ihn geschnallt, als er von Weitem beobachtete, wie die Vögel zu Boden gegangen waren, greift den Fasan, will ihn seinem Herrn bringen, bekommt Wind von dem anderen Gockel, der dreißig Meter weiter auf dem Feld liegt, nimmt auch ihn auf und trägt beide Vögel stolz zu seinem Herrn.

Viel zu schnell geht der erlebnisreiche Jagdtag zu Ende. Ebenso bunt und farbig, wie sich die Landschaft zeigte, präsentiert sich am Abend im stimmungsvollen Fackelschein auch die auf Fichtengrün gebettete Strecke. Fasanen und Hasen, dazu eine Schnepfe, eine Elster und drei Tauben, bunter und unterschiedlicher konnte sie in diesem Revier kaum ausfallen.

Feierlich erklingen die alten Signale und werden noch einmal vom Gejaule der vierläufigen, nun müden Jagdhelfer untermalt, bevor es nach dem »Jagd vorbei!« und »Halali« zum unerbittlichen Jagdgericht geht.

»Tiro! Tiro!« Günstiger kann er kaum kommen.

Die Pirsch

Der Jäger sucht das Wild, um sich ihm auf Schussentfernung zu nähern, durchstreift vorsichtig
das Gebiet, in dem er Wild vermutet, »pirscht«,
schleicht sich gegen den Wind leise an, um nahe an
die erhoffte Beute zu kommen. Dazu sind gute Revier-
kenntnisse erforderlich.

Beim Ansitz erwartet er gedeckt und regungslos
sich näherndes oder vorüberziehendes Wild. Bei der
Pirsch hingegen muss er sich bewegen und wird da-
durch früher wahrgenommen, während er selbst ein
bewegungsloses Stück kaum oder erst spät bemerkt.

Abspringendes Wild zu sehen ist einfach, ruhen-
des oder verhoffendes zu entdecken schwierig.

Unsere Vorväter prägten deshalb den Ausspruch:
»Nicht pirschen gehen, sondern pirschen stehen«,
also oft in guter Deckung verharren, sich niemals has-
tig bewegen, sondern aufmerksam die Umgebung
mustern. »Viel pirschen, viel sehen – viel sitzen, viel
schießen«, sagt man.

Eine alte Weisheit lautet: »Am Abend der Ansitz,
am Morgen die Pirsch.«

Der Jäger tut gut, sich daran zu halten. Wild ist
morgens, nach dem Äsen, satt und bequem. Es lässt
sich Zeit, bummelt, mitunter unaufmerksamer, un-
vorsichtiger als abends, wenn es misstrauisch auf die
Freiflächen tritt, hier und dort äsend, auf Umwegen
in den Einstand zurück.

Am Abend wählt es meistens den direkten Wechsel zur begehrten Äsung. Wenn das Wild auf den Läu-

Des Waidwerks Krone ist die »Pürsch«,
ganz gleich, ob Sau, Bock oder Hirsch.

Alte Jägerweisheit

fen ist, sich bewegt, wenn es äst oder umherzieht, ist
pirschen angesagt, weil sich bewegende Stücke im
Gegensatz zu ruhenden oder verhoffenden einfacher
auszumachen sind.

Bei der Pirsch sollte man das Fernglas möglichst
wenig benutzen. Abgesehen von störenden Bewegungen, kann man mit ihm wirkliche Proportionen mitunter nur schwach erkennen.

Jedes einzelne vom Jäger aufgescheuchte Tier
macht nicht nur seine Artgenossen, sondern alle
Tiere in der Umgebung auf die herumschleichende
Gefahr aufmerksam.

Ein aufgeschreckter, laut mit den Schwingen klat-
schender Ringeltauber warnt das in der Nähe stehende Wild ebenso wie ein krächzender Eichelhäher, ein
tickendes Rotkehlchen, ein aufgeregter Zaunkönig
oder eine schimpfende Amsel.

Besonders Vögel, die sich mit Vorliebe in Boden-
nähe aufhalten oder dort brüten, sind aufmerksam
und melden Störungen an die Umgebung.

Also nicht nur auf den erhofften Rehbock kon-
zentrieren , sondern auf alle Tiere im nahen Umkreis,
egal ob sie ein Haar- oder Federkleid tragen!

Der Pirsch- bzw. Zielstock
dient nicht nur zum Anstreichen der Büchse, sondern auch
zum Auflegen des Fernglases.

Sommerpirsch im Kiefernwald

Die Nachtigall, die im Jasmin vor dem Haus ihr Nest gebaut hatte, ist seit einigen Tagen verstummt. Das Brutgeschäft ist beendet, und wenn die Jungen geschlüpft sind, hat der »Vogelvater« keine Zeit zu singen.

Schweigen auch, als der Jäger auf dem Rückweg von der Frühpirsch verträumt den Sandweg entlangschlendert und Pläne für den Abendansitz schmiedet.

Da wird er jäh aus seinen Überlegungen gerissen.

Schreckend springt rechts des Weges in hohen Fluchten ein Reh ab und verschwindet im Fichtenbestand. Einige Augenblicke kann er es noch mit den Augen verfolgen, dann wird es von den dunklen Baumstämmen verschluckt. Aber es blieb genügend Zeit, um zwischen den Lauschern hohe, dunkle Stangen zu erkennen.

»Böh!, böh!«, hallt es von dort, wohin der Bock abgesprungen war, und noch einmal »Böh!, böh!, böh!«. Die abgehackten Laute bewegen sich weiter fort, verraten akustisch den Standort des Wildes. Ein leichter Windhauch weht dem Jäger von dort entgegen, und er beschließt, dem Stück hinterherzupirschen.

Gerade in der Zeit zwischen elf und dreizehn Uhr, »um die dumme Stunde«, bummelt Rehwild, wenn es mit erstem Wiederkäuen fertig und ungestört ist, gern noch im Bestand umher, bevor es sich niedertut, um zu ruhen, das ist die Chance, den Bock zu überlisten.

Im Zeitlupentempo folgt der Mann dem ärgerlichen Schrecken, bleibt stehen, als es verstummt, setzt dann behutsam einen Fuß vor den anderen, schleicht durch einen dichten Streifen Brennnesselgestrüpp, springt über einen ausgetrockneten Graben und befindet sich unvermittelt im Schutz und Schatten hoher Kiefern.

Auf dem Grabenaushub entdeckt er die Rupfung einer Amsel. Der lange Strich aus Geschmeiß verrät, dass ein Habicht diesmal der schnellere oder aufmerksamere der beiden Vögel gewesen war.

Da streicht ein schwarzer Vogel mit leuchtend karminrotem Schopf heran, fußt an einer trockenen Fichte und beginnt sie zu bearbeiten, dass die Späne fliegen. Weit hallt das Klopfen des Schwarzspechtes durch das Stangenholz.

Bis zu 18-mal pro Sekunde hämmern Spechte mit ihrem Schnabel gegen einen hohlen Baumstamm, wenn sie ihre Signale an die Umwelt, an Partner oder Rivalen, aussenden.

»Ob manche Naturvölker von diesen Vögeln ihre Trommelsprache abgelauscht oder übernommen haben?«, sinniert der Mann. Da streicht der große Vogel davon und ist im Nu von alten, dicht beieinanderstehenden Stämmen verschluckt.

Zweimal schallt es noch »Böh!, böh!« durch den Wald, dann ist es endgültig still, der Rehbock hat sich beruhigt. Der Jäger weiß aber ungefähr, wo sich das Reh verbirgt. Aufmerksam pirscht er voran, doch so angestrengt er auch umherspäht, als er sich dem vermeintlichen Standort nähert, mit bloßen Augen, dann das Fernglas zu Hilfe nehmend: Weit und breit ist kein Lebewesen zu entdecken.

> »Auf denselben Bock zu pürschen
> Tag für Tag ist Narretei;
> eher lernt er deine Schliche
> als die seinen du dabei.«

Erfreuliche Begegnung am Waldrand – aber das Fernglas offenbart: Noch ist der Bock zu jung, der Blick durchs Zielfernrohr kann unterbleiben.

Die Pirsch

Ohne große Hoffnung pirscht der Mann trotzdem auf einem von Gräsern und Sträuchern zugewucherten, kaum mehr zu erahnenden Holzabfuhrweg ge-

spannt weiter durch den Altholzbestand, bleibt nach fünf, sechs Schritten wieder stehen und leuchtet, um keine unnötigen Bewegungen zu machen, mit dem

Der Zimmermann des Waldes (Schwarzspecht) füttert seine Jungen.

Zielfernrohr auf der Büchse vorsichtig die Umgebung ab, soweit sie im dicht stehenden Stangenholz einzusehen ist.

Sonnenlicht tanzt in zitternden Ringen durch die Zweiglücken der Baumkronen über den Waldboden, huscht glänzend über sattgrüne Moospolster und braunes Wurzelwerk dahin.

Der Bestand ist nun etwas lichter. In dem kürzlich durchforsteten Stangenholz ist es kühler als im hellen Sonnenschein.

Wo die jungen Bäume keine dichten Kronen gebildet haben, dringen die Strahlen der Sonne bis auf den braunen, trockenen Waldboden und wandern mal langsam, mal ruckweise und schnell auf dem Nadelteppich entlang, je nach Stärke des Windes und nach Bewegung der Zweige in den Baumwipfeln.

Bei der diffusen Beleuchtung und gegen den unruhigen Hintergrund ist ein Reh nur schwer auszumachen und anzusprechen.

Fliegen surren, verschwinden, als eine leichte Windböe aufkommt, kehren aber so schlagartig, wie sie fortflogen, nach wenigen Lidschlägen zurück und krabbeln störend über Gesicht und Hände des Jägers.

Vier oder fünf Meter schleicht er weiter und verharrt auf einem großen, weichen Moospolster. Da zickzackt ein Vogel auf ihn zu und blockt nur wenige Gänge entfernt dicht am Stamm auf dem abgebrochenen Ast einer Fichte.

Behutsam wandert das Fernglas vor die Augen. Als der Jäger den grauen Vogel, durch allerlei Geäst verdeckt, ausgemacht und als Sperberweib angesprochen hat, hat er ihn ebenfalls eräugt und schießt in flatterndem Flug davon.

Bedächtig geht es weiter, um nach zehn kurzen Schritten erneut zu verharren und die Umgebung mit

dem Glas abzuleuchten. Hinter jedem der vielen Stämme kann der Bock stehen, in jeder der kleinen Grasinseln kann er sich verbergen.

Konzentriert mustert der Jäger den Waldboden – Fährten sind in der trockenen Nadelspreu nicht auszumachen – um mit den Augen zu erforschen, wohin er bei den nächsten Schritten seine Füße setzen kann. Er schiebt mit der Stiefelspitze sorgfältig einige Zweige fort, bückt sich besonnen, um leise einen schweren Ast, an dem er sonst nicht ohne verräterische Geräusche zu verursachen vorbeikommt, beiseitezuziehen, und alle seine Bewegungen gehen im Zeitlupentempo vor sich.

Die Fliegen werden lästiger, je weiter er in den Bestand vordringt und je weniger der Wind zu spüren ist. Immer wieder täuschen irritierende Licht- und Schatteneffekte Wild vor, geben der lautlosen Pirsch einen erhabenen Reiz und machen sie besonders spannend.

Unter einer einzelnen Überhälterbuche raschelt trotz aller Vorsicht das vorjährige Laub vernehmlich unter den Schuhsohlen. Nach wenigen Metern spürt der Jäger aber wieder weiches Moos oder einen dicken Nadelteppich unter seinen Füßen.

Nach einer ermüdenden halben Stunde Pirsch und weiteren vierzig oder besser viermal zehn Schritten ist die Grenze des Bestandes fast erreicht, schimmert durch die dunklen Fichten der Waldrand hell herüber, und nach einigem Suchen durch das Glas nimmt der Mann eine Bewegung wahr.

Bedächtig wandern die Okulare des Fernglases vor die Augen

Konzentriert schaut der Jäger in die Richtung. Nichts Auffälliges kann er dort entdecken. Nach drei weiteren zögernden Schritten tastet er erneut mit

Folgende Doppelseite
Pirschen stehen statt pirschen gehen – das ist das Geheimnis des Erfolges.

dem Achtfachen den Bestand ab und hat ein Reh im Glas.

Siebzig oder vielleicht auch achtzig Gänge entfernt, hat es ihn nicht bemerkt, sichert unverwandt in die entgegengesetzte Richtung, äugt kurz zu dem regungslos verharrenden Zweibeiner, wendet sich schließlich ab und zieht langsam fort.

Sonnenstrahlen fallen in schrägen Bahnen durch das Geäst der dichten Baumkronen auf den Boden, und jedes Mal, wenn das Reh in eine solche Gasse hineinzieht, flammt seine Decke rot auf. In ständigem Wechsel von Schatten und Licht verschwindet es schließlich zwischen den hohen Bäumen. Durch die vergrößernde Optik hat der Jäger es aber noch als den alten Bock ansprechen können.

Schritt für Schritt pirscht er hinter ihm her, aber seine Geduld wird dabei erneut auf eine harte Probe gestellt.

Plötzlich bleibt der Blick an etwas Gelblichem hängen. »Farnkraut ist zu dieser Jahreszeit grün, Bentgras ebenfalls«, schießt es dem Mann durch den Sinn.

Unhörbar gleitet der Schaft der Büchse vor die Schulter, die Mündung des Gewehrlaufs schwingt langsam in die Richtung der »verdächtigen« Stelle, und im Zielglas erscheint tatsächlich ein kleines Stück Rehwilddecke.

Nach einigem Zirkeln erkennt der Jäger den Bock. Er hat sich auf einer kleinen Freifläche niedergetan, döst wenig aufmerksam vor sich hin und genießt, das Gesicht abgewandt, die Vormittagssonne.

Auf hellgrünen Moospolstern kann sich der Mann leise zehn Schritte näher pirschen, da bricht ein kleiner Zweig unter seinen Füßen. Der Bock dreht den Kopf und sichert starr zu ihm her, äugt ihn unver-

wandt an. Obwohl der Mensch, weniger als sechzig Gänge entfernt, reglos, angewurzelt wie ein Baum steht, hat er sein Misstrauen erweckt. Ruckartig wird der Alte hoch und tritt nervös von einem Vorderlauf auf den anderen.

Der Jäger hat den Blick gesenkt, beobachtet aus den Augenwinkeln, wie der Bock im Bogen argwöhnisch fortzieht, wahrscheinlich, um sich Wind zu holen, aber schließlich unbekümmert vom Waldboden und dann an einem Strauch zu äsen beginnt.

Als der Heimliche endlich breit verhofft, das Fadenkreuz auf das Blatt zeigt, zerreißt der plötzliche laute Knall eines Büchsenschusses die fast feierliche Stille des Waldes. Wie von einer unsichtbaren Kraft hochgerissen, stürmt der Bock immer kleiner werdend davon.

Der Anschuss ist leicht zu finden. Ein feiner, hellroter Streifen auf dem Waldboden versprüht, kennzeichnet die Stelle, an der das Geschoss den Wildkörper traf. Auf der kurzen Fluchtfährte liegen noch einige rote Perlen auf der dunklen Nadelspreu, dann weichen Erleichterung und große Freude den nervenzehrenden Anstrengungen einer stimmungsvollen, erfolgreichen Pirsch.

Der Waidmann mag nicht, wenn erst ein prüfender Griff in das Gebiss über Freude oder Enttäuschung an der Erlegung eines Stückes Wild entscheidet. Der grässliche Schnitt, um den Äser des Bockes aufzuschärfen, erübrigt sich. Ein kurzer Blick, flüchtiges Fühlen: Dort, wo die Backenzähne wachsen, sind lediglich drei härtere Stellen zu spüren. Der Bock hat die Mitte seines Lebens längst überschritten. Ob er acht oder neun Jahre alt ist, spielt keine Rolle – das tödliche Geschoss war dem großen Jäger nur eine kurze Zeitspanne zuvorgekommen.

Rechts oben

Noch kann sich der heimliche Bock in den Brennnesselstauden verdrücken.

Rechts unten

Stimmungsvolles Ende einer erfolgreichen Morgenpirsch.

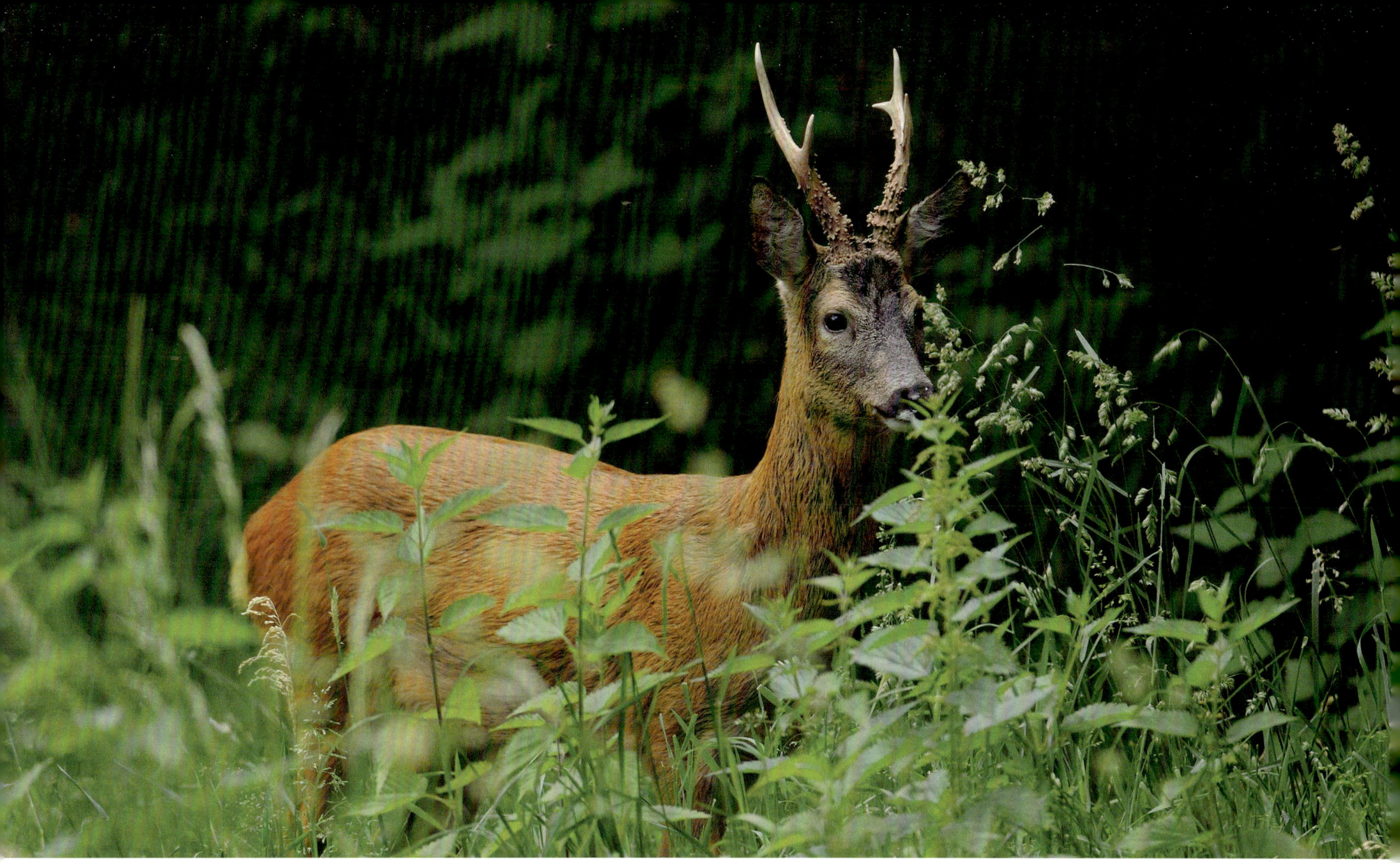
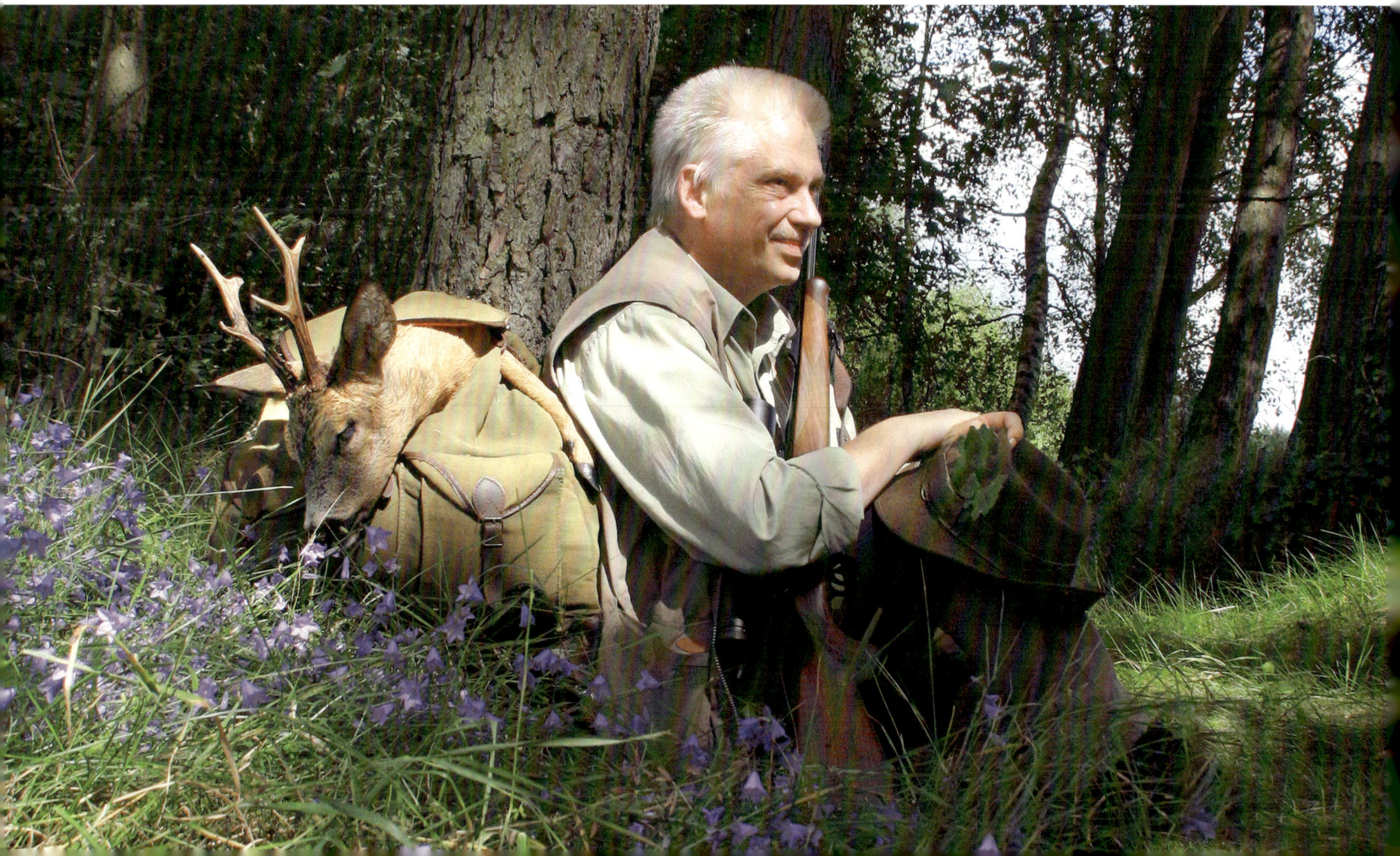

Die Blattjagd

Die Jagd auf den roten Bock während der Blattzeit, der zweiten Hälfte der Rehbrunft, wenn Böcke auf der Suche nach brunftigen Ricken »aufs Blatt springen«, ist ein besonderer Höhepunkt im Jagdjahr.

Während er beim Pirschen oder Ansitzen auf den Zufall, seinen Jagdinstinkt oder sein Glück angewiesen ist, um mit austretendem oder vorüberwechselndem Wild zusammenzutreffen, besitzt der Jäger für die Blattjagd ein Hilfsmittel, das den Zufallserfolg meistens ausschaltet.

Man täuscht dem Rehbock eine paarungsbereite Ricke vor, indem man ihre Fieptöne mit einem Blatt, Grashalm oder einem künstlichen Instrument nachahmt und den »liebeshungrigen« Galan damit zum Zustehen veranlasst oder versucht mit dem zarten Kitzfiep, die bei ihm stehende Ricke heranzulocken.

»Mein lieber Waidmann, merk dir gut und hab darauf fein acht: Den Bock verwirrt der Sonne Glut, den Hirsch die kalte Nacht«, heißt es, weil man an solchen Tagen die Locktöne weiter hört als bei stürmischem Wetter, Regen, Wind oder Nebel, und das Fiepen nur auf kurze Entfernung zu hören ist. Rehböcke springen aber, wenn sie auf der Suche nach einer Ricke sind, die Fieptöne vernehmen und der Jäger alle Regeln beachtet, zu jeder Tageszeit und bei jeder Witterung.

Um die Fieplaute des Rehwildes naturgetreu nachahmen zu können, sollte man sie vorher in der Natur gehört haben. Danach heißt es üben, üben und noch-

Mein lieber Waidmann, merk dir gut
und hab darauf fein acht:
Den Bock verwirrt der Sonne Glut,
den Hirsch die kalte Nacht.

mals üben (aber nicht im Revier!), bis der richtige Ton in der richtigen Reihenfolge und gewünschten Tonlage auf Anhieb sitzt.

Entscheidend für die Neigung zum Springen ist aber auch das Geschlechterverhältnis. Gibt es in der Umgebung erheblich mehr Ricken und Schmalrehe als Böcke und steht im Revier viel Brunftwitterung, wird der Jäger wenig Erfolg bei seinen Bemühungen haben – »So entspricht's dem Hegezwecke: so viel Geißen, so viel Böcke«.

In einer Kulturlandschaft, in der in vielen Gegenden Rehwild durch dichte menschliche Besiedlung, zunehmenden Freizeitdruck und andere Störungen sehr heimlich geworden ist und sich zum Nachtwild entwickelte, sich am Tage kaum noch aus der Deckung wagt, ist es manchmal schwierig, einen bestimmten Bock außerhalb der Brunft zu überlisten. Abgesehen von Zufallsbegegnungen hat der Jäger dann mit dem Buchenblatt eine reelle Chance. Im europäischen Ausland gilt die Jagd in der Paarungszeit daher größtenteils als unwaidmännisch.

Spannend, aber in vielen Ländern äußerst umstritten: die Rehbockjagd während der Brunft.

Mit Kitzfiep und Geschrei

Am Himmel zogen schwarze Wolken auf, es begann zu regnen, schien, als würde jeden Augenblick ein Gewitter losbrechen. Ab und zu erhellte ein Blitz die Umgebung, es wurde dunkel, und dann entlud sich tatsächlich ein Wolkenbruch. Das Unwetter ließ jedoch bald nach, es klarte auf, das Land dampfte, die Luft war sauber und triefte vor Feuchtigkeit, ideales Wetter zum Blatten. Die Wolken hingen tief und trübe am Himmel. Ungewöhnliches Licht verzauberte Tausende von Tropfen und vergrößerte sie zu filigranen, matt schimmernden Kristallen.

Der zwei Meter hohe überdachte Sitz an der Wiese, auf dem es sich der Jäger bequem gemacht hat, nachdem er seinen Hund am Fuß der Leiter abgelegt hatte, ähnelt einem der nach allen Seiten offenen Drückjagdböcke, wie sie auf Wildjagden eingesetzt werden. Er ist leicht zu transportieren, steht aber seit vielen Jahren am selben Platz, denn der Standort und die Umgebung sind jedes Jahr erneut Garant für den Einstand eines alten Rehbockes.

Ein riesiger Flug Stare streicht, einer dunklen Wolke gleich, rauschend mit schnellen Flügelschlägen vorüber und sorgt auch akustisch für lebhafte Abwechslung, als der Schwarm im dichten Schilf niedergeht, wie auf ein geheimes Zeichen hin, als sei er gestört worden, erschreckt wieder aufstiebt und munter zwitschernd fortstreicht. Ein zweiter und ein dritter Pulk folgen, halten es aber ebenfalls nur kurze Zeit in der Deckung des Röhrichts aus.

Schon als der Jäger zu seinem Sitz gepirscht war, bemerkte er knapp 300 Gänge entfernt, für einen sicheren Kugelschuss viel zu weit, vier Lauscherspitzen,

die über dem hohen Gras emporragten, und entdeckte durch das Fernglas zwischen einem der beiden Paare eine Stange.

Ricke und Bock hatten sich dort niedergetan, er konnte aber im Schutz einiger Erlen den Sitz erreichen und wartet nun darauf, dass sich die beiden Stücke erheben und der Bock treiben würde.

Nun heißt es für den Jäger: keine Bewegung, bevor der Bock die schützende Deckung verlässt.

Die Blattjagd

Nach einiger Zeit beginnt es wieder zu nieseln. Als die Rehe keine Anstalten machen, sich zu erheben, fiept der Mann auf dem Buchenblatt. Die Ricke, durch die Töne stimuliert, springt auf und verfällt sofort in verhaltenen Trab, der sie mäandernd über die Wiese führt. Dichtauf folgt der Bock, und immer dichter umeinander kreisend entfernen sich die beiden. Schließlich bewegt sich die wilde Jagd aber auf die Ansitzleiter zu und kommt auf knapp 150 Gänge zum Stehen. Der Verfolger hat seine »Lebensabschnittsgefährtin« eingeholt, betupft mit seinem Windfang ihren Spiegel und legt den Unterkiefer auf ihre Kruppe. Die Ricke senkt Kopf und Hals und macht einen leichten Karpfenrücken.

Längst liegt die Büchse im Anschlag, hebt sich der Bock im Absehen des Zielfernrohrs klar ab, da beschlägt er die Ricke. Diesen Moment will der Nimrod keinesfalls für einen Schuss entweihen, doch schon lässt der alte Einstangenbock ab und sinkt zu Boden, während die Ricke teilnahmslos zu äsen beginnt.

Die Blattjagd

Dann tut sie sich ebenfalls nieder, ist kaum noch wahrzunehmen, man ahnt lediglich ihre nervös spielenden Lauscher über dem Gras.

Den Bock mit Fieptönen einer Ricke fortzulocken dürfte schwerfallen. Daher lässt der Mann, erst zart, als sich keine merkbare Reaktion bei den Rehen zeigt, lauter und fordernder einen Kitzfiep über die Wiese erschallen.

Hätte die Ricke ihr Kitz in der Nähe des Hochsitzes abgelegt, wäre sie gewiss zugestanden, so aber wirft sie nicht einmal auf. Der Jäger wartete fast eine halbe Stunde, währenddessen sich nichts Außergewöhnliches tut. Weder Fuchs noch Hase unterhalten ihn, kaum ein Vogelruf sorgt mehr für Abwechslung, nicht einmal Fliegen oder Mücken schwirren umher und verkürzen ihm die Zeit.

Zwar liegt die Büchse schussbereit auf der Hochsitzbrüstung, die Laufmündung weist in Richtung der beiden Rehe, sodass der Mann ohne Zeitverlust wieder in Anschlag gehen könnte, trotzdem verpasst er den Moment, als sie plötzlich aufstehen und fortziehen.

Nun greift der Nimrod zu einer anderen List, ahmt den Sprengruf nach. »Piää!, piää!«, schallt es plärrend über die Wiese. Und noch einmal »Piää!, piää!«. So, als würde eine Geiß von einem Bock in arge Bedrängnis gebracht klingt es. Aber der alte Platzbock bleibt unbeeindruckt von Tönen.

Sein Windfang klebt förmlich an der Schürze der Ricke, als beide in schaukelnden Fluchten kreuz und quer über die Wiese fortstürmen.

Plötzlich prescht die Ricke auf den Sitz zu, flüchtet 40 oder 50 Meter daran vorüber, ihr folgt der Bock. Drei-, viermal schreit der Jäger so laut er kann: »Böh! böh! böh!«, alles geht rasend schnell, um den Bock

zum Verhoffen zu bringen, vergeblich. Schon sind die beiden Rehe im Schilf verschwunden.

Es beginnt stärker zu regnen, sein Optimismus erhält einen gehörigen Dämpfer. Anfängliche Zuversicht wandelt sich in Ungeduld, Gleichgültigkeit macht sich breit. Der Mann legt die Waffe zurück auf die Brüstung der Kanzel, lässt aber den Schilfrand nicht aus den Augen. Doch dort ist trotz angestrengten Schauens keine Bewegung zu entdecken. Außer dem eintönigen Rascheln in den Erlen, dem Raunen des Windes und den einschläfernden Rhythmen fallender Tropfen auf das Hochsitzdach dringt kaum ein Laut an seine Ohren. Das monotone Rauschen der vom Himmel strömenden Wassermassen und das

Links
Um einen so alten »Geheimrat« zu überlisten, ist der Könner gefordert.

Unten
Industriegefertigte Instrumente haben Buchenblatt und Grashalm verdrängt.

Folgende Doppelseite
Nicht der Rehbock treibt die Ricke, sondern sie zieht ihn hinter sich her.

Die Blattjagd

Prasseln der Regentropfen verschlucken andere Geräusche um ihn herum.

Da klart der Himmel unerwartet auf. Wunderbar, wie die Abendröte die Landschaft verschönt. Kleine Fliegen kreisen in Schwärmen vor dem Ansitzbock. In Tanzgruppen heben sie sich in die Höhe, als drehten sie sich um eine Spindel. Dann kommen sie alle wieder gleichzeitig herab, Hals über Kopf zitternd, ohne je aneinanderzustoßen. Unglaublich, wie Hunderttausende solcher Winzigkeiten einen so tollen Lufttanz aufführen können, immer in derselben schmalen Säule, ohne je einander zu berühren. Die Fliegen schlagen Purzelbäume, eine aufwärts, eine abwärts. Eine hüpft geradezu beim Schweben, eine andere kreist wie im Tanz, und dabei stört keine die andere. Ein herrliches Spiel, der Mensch wird nicht müde, ihm zuzusehen.

Doch dann zieht er, fast schon mutlos geworden, ohne große Hoffnung, abermals eines der Buchenblätter aus der Jackentasche, es ist kalt, feucht, aber noch frisch genug, drückt es mit Daumen und Zeigefingern an seine Lippen, und leise tönt es »Fie!, fie!« durch den aufkommenden Dunst. Seine Bemühungen verhallen ungehört. Noch einmal blattet er, lauter, fordernder, ausdauernder.

Als er sich nach weiteren erfolglosen Versuchen zurücklehnt, erscheinen die Rehe am Schilfrand, und während er behutsam die Büchse hochnimmt, die Entfernung beträgt immerhin mehr als 150 Gänge, treibt der Bock die Geiß erneut.

Immer größere Schleifen ziehen die beiden, entfernen sich und tun sich dann am gegenüberliegenden Rand der Wiese nieder. Wieder vergehen spannende Minuten und die Dämmerung breitet sich langsam aus.

Da jagt der Bock erneut hinter der Ricke her, aber viel zu weit für jeden sicheren Kugelschuss. Im Fernglas ist zu erkennen, wie er abermals beschlägt und sich niedertut. Nach zehn Minuten erhebt er sich, treibt, es folgt ein Beschlag, und wieder verschwindet der Einstangige im Gras, während die Ricke gemächlich auf den Hochsitz zuzieht.

Endlich erhält der Jäger seine Chance.

Vorsichtig lässt er den Kitzruf erschallen, die Geiß verhofft, wirft auf, sichert nach den ängstlichen Tönen und wechselt zielstrebig darauf zu.

Nun wird auch der Bock unruhig, erhebt sich und zieht ebenfalls in die Richtung. 400 Meter, 350, 300, 200, die Büchse liegt längst wieder im Anschlag, die Ricke ist bereits auf gute Kugelschussentfernung herangewechselt, da rast der Bock auf sie los, sie zieht ihn förmlich hinter sich her, die stürmische Jagd wird langsamer.

Der Mann spürt einen leichten Hauch im Nacken, der Wind hatte gedreht. »Böh! böh!«, schreit er noch einmal über die Wiese. Die Ricke verhofft abrupt, äugt zum Sitz, der Einstangige beginnt unbeteiligt zu äsen, als habe er nichts vernommen. Knapp hundert Meter steht er entfernt, als er die Kugel erhält.

Über drei Stunden, 180 Minuten lang, Spannung. Erleichtert und zufrieden steigt der Schütze nach gebührender Wartezeit von der Leiter, liebelt seinen aufgeregten Hund ab, der das Geschehene vom Erdboden aus verfolgt hat, und dann treten die beiden erwartungsvoll zu dem Gestreckten.

Als der Erleger über die reich geperlte, dunkle Stange des alten Bockes, der vor ihnen im nassen Gras liegt, streicht, registriert er erst, wie abnorm und stark sie ist. Ein sehr, sehr guter Bock, aber wen interessiert das in diesem Augenblick des Glücks.

Perfekte Farbkombination: roter Bock in blauen Kornblumen.

Nach erfolgreichem Morgen-
ansitz: Hund und Herr sind
glücklich, aber erschöpft.

Die Drückjagd

Bei einer Drückjagd, in Süddeutschland Riegler, gehen wenige Treiber – mit oder ohne Hunde – ruhig durch das zu bejagende Gebiet, um Wild aus den Einständen zu »drücken«, das heißt, es behutsam in Bewegung und vor die weiträumig abgestellten Schützen zu bringen.

Auf Drückjagden werden vorwiegend Schalenwild, aber auch Füchse und Hasen bejagt. Das Wild kommt zumeist auf gewohnten Wechseln oder Pässen vor die – nach dem Anblasen oder nach vereinbarter Uhrzeit auf einem Hochsitz, im Schirm oder frei auf der Erde – mucksmäuschenstill wartenden Jäger. Drückjagdteilnehmer sollten nach Einnehmen ihres Standes Zweige oder andere Hindernisse für ein freies Schussfeld lautlos beseitigen und den Erdboden von Laub sowie Ästen befreien, um Rascheln oder Knacken zu vermeiden. Danach gilt es, eiserne Ruhe zu bewahren und mit wachen Sinnen das Wild zu erwarten und zu bemerken, bevor der Jäger selbst wahrgenommen wird.

Auf Drückjagden, bei denen keine Hunde eingesetzt werden, bleibt meistens ausreichend Zeit, das Wild anzusprechen, weil es den Schützen verhältnismäßig vertraut kommt. Werden Hunde geschnallt, kommt es naturgemäß flüchtig, und es sind reaktionsschnelle, sichere Schützen gefragt.

Statt klassischer Drückjagden mit wenigen Schützen und Treibern überwiegen heute großräumige (revierübergreifende) Waldjagden, eine Kombination

Wer zwei Stunden auf einer Drückjagd jagt,
hat keine zehn Sekunden zu verschenken, oder
er verschenkt seine Chance.

Alte Jägerweisheit

aus Ansitztreibjagd, Ansitzdrückjagd sowie Ansitzstöberjagd.

Um das Hochwild nicht zu sehr zu beunruhigen, werden Schützen möglichst lautlos mitten in und um das Treiben verstreut auf Ständen (Böcken) postiert. Nur wenige Treiber gehen einzeln oder in Gruppen möglichst lautlos mit dem Wind hin und her, damit das Wild den Schützen vertraut kommt. Bei kombinierten Ansitzdrückjagden haben die Schützen zumeist genügend Zeit, das Wild in Ruhe anzusprechen und sich auf einen Schuss vorzubereiten.

Bei klassischen Drück-(Riegel-)Jagden auf Rot-, Gams-, Reh- und Schwarzwild oder Füchse standen die Schützen früher etwa einen Büchsenschuss vom Rand des Treibens entfernt unter halbem Wind in der Nähe der bekannten Wechsel beziehungsweise Pässe. Dabei wurden für jeden Wechsel mehrere Stände vorbereitet, da man ja nicht im Voraus weiß, welche Windverhältnisse am Jagdtag herrschen. Die Erfahrung lehrt, dass das Wild, wenn es Wind vom Schützen bekommt, häufig durch die Treiberlinie zurückwechselt.

Konzentriert und regungslos warten, dann blitzschnell reagieren – das bedeutet Drückjagd.

79

Damwilddrücken

Fast geräuschlos fallen die Autotüren ins Schloss, keine lauten Worte, Flüstern ist angesagt, damit das Wild nicht frühzeitig gewarnt wird und den Einstand verlässt. Zwei Jäger wollen mit ihren kurz suchenden Hunden den großen Dickungskomplex durchdrücken und versuchen Damwild »locker« zu machen, es vor die drei ansitzenden Schützen zu bringen.

»Um elf Uhr dreißig ist Hahn in Ruh«, fügt er noch hinzu, raunt einige aufmunternde Abschiedsworte und entfernt sich leise mit seinem Schweißhund am Riemen.

»Dreihundert Meter in die Richtung.« Während der Forstbeamte diese Anweisung flüstert, zeigt er mit dem Arm nach Osten, nach dort, wo sich seit knapp zwei Stunden die Sonne vom Horizont entfernt. »Dann biegen Sie im rechten Winkel nach links und nach weiteren hundert Schritten werden Sie Ihren Stand schon sehen.« »Um elf Uhr dreißig ist Hahn in Ruh«, fügt er noch hinzu, raunt einige aufmunternde Abschiedsworte und entfernt sich leise mit seinem Schweißhund am Riemen. Der Schütze ist wieder allein mit seiner Hündin. Erwartungsvoll leint er sie an, stiefelt los und repetiert im Gehen eine Patrone in den Lauf der Büchse.

Der Kleinen Münsterländerin widerstrebt das »bei Fuß« laufen. Zu Recht, sie hatte mit ihrem starken Bewegungsbedürfnis noch nicht genügend Auslauf. Lustlos trottet sie neben ihrem Herrn her. Kaum sind die beiden fünfzig Schritte gegangen, setzt sich die Hündin und starrt nach vorne. Dort, wohin sie inten-

Nur ein guter Jäger und sicherer Schütze darf hier aktiv werden.

Die Drückjagd

siv blickt, ist mit untrüglicher Sicherheit Wild zu erwarten.

Ob Flugwild, ob Eichhorn, Katze, Fuchs, Hase oder Schalenwild, sie verweist so sicher, dass sich der Jäger auf der Jagd schon dabei ertappte, unaufmerksam geworden zu sein, weil er sich fest auf ihre Aufmerksamkeit verlassen kann.

Fünf Stück Damwild trollen fünfzig Gänge entfernt aus einer Bodenwelle vorüber. Sie bemerken nicht, wie der Mann behutsam die Büchse von der Schulter nimmt, an einer dünnen Kiefer anstreicht und den Knieper, der den Schluss des kleinen Rudels bildet, anvisiert. Immer wieder schiebt sich aber Kahlwild vor ihn, als der Jäger den schwachen Hirsch durch das Zielfernrohr verfolgt.

Bevor das Rudel schließlich hinter der nächsten Bodenwelle verschwindet, trennt sich das Absehen von dem Hirsch, und als ein Kalb breit und frei verhofft, fällt der Schuss.

Das beschossene Stück zeichnet mit einer hohen Flucht, geht mit gekrümmtem Rücken ab, bricht aber in dem Moment zusammen, in dem das laute metallische Repetieren einer weiteren Kugel in das Patronenlager durch den Wald klingt – ein guter Jagdanfang!

Während der zweibeinige Jäger freudig erregt zu seiner Beute eilen will, sieht der Vierläufer die Angelegenheit eher gelassen. Fasziniert folgen seine Blicke dem abspringenden Rudel, das in einer zwanzigjährigen, noch nicht geläuterten Kieferndickung verschwindet.

Als beide schließlich vor der gemeinsamen Beute hocken, ist die Freude groß. Mit wild hin- und herwedelnder Rute zaust die Hündin an den Keulen des Stückes und leckt auf dem Einschuss, aus dem es hellrot herausquillt.

Die Zeit aber drängt, gleich wird das eigentliche Drücken beginnen, und zügig geht es die restlichen 100 Meter bis zum Sitz. Der Hund lässt sich vor der Leiter auf den kargen, mit Kiefernnadeln dicht bedeckten Waldboden plumpsen, während es sich der Jäger zwei Meter über ihm bequem macht.

Rundherum kann er ungefähr 60 Meter in den raumen Altholzbestand sehen und hat 40 Meter weit freies Schussfeld. Nun sind Konzentration und Aufmerksamkeit gefordert. Knapp zwei Stunden sind für dieses Drücken eingeplant, anstrengend und ermüdend, 120 Minuten Spannung pur.

Eine Drückjagd ist nichts für Träumer. »Wer zwei Stunden auf einer Drückjagd jagt, hat keine zehn Sekunden zu verschenken, oder er verschenkt seine Chance«, sagt eine alte Jägerweisheit.

Die Hündin liegt ausgestreckt, entspannt unter der Leiter. Ein dickes Bündel Sonnenstrahlen, das sich seinen Weg durch die lichten Kronen der alten Kiefern zum Boden gebahnt hat, lässt das dunkelbraune Fell in einer wunderschönen goldenen Färbung erscheinen.

An der Hochsitzbrüstung entdeckt der Mann einen dicken, in vielen Farben schimmernden Brummer. Mit putzig anmutenden Bewegungen scheint sich das Insekt mit seinen Vorderbeinen den Schlaf aus den Augen zu reiben. Nur wenige Tage wird die Fliege noch leben und hat doch ihren festen und wichtigen Platz im gesamten Naturhaushalt. »Welchen Luxus leistet sich die Evolution«, meditiert der Naturfreund und überlegt weiter: »Fliegen können ja gar nicht sitzen, sondern nur stehen, aber ›eine Fliege steht an der Wand‹ klingt auch komisch.«

Seine Überlegungen werden jäh unterbrochen. Ein kopfstarkes Damwildrudel flüchtet am Sitz vor-

Herbstzeit – Drückjagdzeit!

Die Drückjagd

über, zu weit, um einen sicheren Schuss anzubringen, aber nahe genug, um das Herz des Jägers schneller schlagen zu lassen, seine Büchse fester zu greifen.

Schon wieder Bewegungen, dieses Mal links von dem Ansitzbock. Ein Rudel Rotwild prescht vorüber. Kahlwild und ein hoher Spießer. Die Bäume stehen aber so dicht beieinander, das Wild ist so rasend schnell, dass an einen Schuss kaum zu denken ist, immer wieder sind die Stücke nur für wenige Lidschläge frei, bevor sie durch Baumstämme verdeckt sind und schließlich in einer Bodensenke untertauchen.

Ganz behutsam wendet sich der Kopf des Schützen zu einer Seite, dann langsam, um über 180 Grad, zur anderen und seine Augen versuchen eine Bewegung zwischen dem Bewuchs zu erhaschen. Ein verhoffendes Stück in dem schattigen Bestand auf der bizarr beleuchteten Kiefernnadelspreu zwischen den ebenso gefärbten, zahlreich auf dem graubraunen Waldboden liegenden Zweigen auszumachen ist schwierig.

Die Gedanken wandern

Die Hündin schläft wieder. Auf ihre Hilfe ist nur bedingt Verlass. Die Gedanken wandern. Zwei Kolkraben streichen mit melodischem »Klong, klong!« träge über den Sitz hinweg. Welch grausige Stellung nahmen diese Vögel in den Sagen der Völker Nordeuropas ein. In der germanischen Mythologie, überliefert im 13. Jahrhundert durch die, in ihren Quellen bis ins 9. Jahrhundert reichende, isländische Lieder- und Geschichtensammlung »Edda«, waren sie, wie die Wölfe, noch die heiligen Tiere Wotans, zählten zu den bedeutendsten Geschöpfen der germanischen Geisteswelt. Als das Christentum das heidnische Europa erfasste, wurden sie mit Tod und Teufel in Zusammenhang gebracht, weil sie sich auf Galgenbergen, Schlachtfeldern und Richtstätten an menschlichen Leichen gütlich taten. Die Verehrung der »Todesvögel« wandelte sich in Abscheu, Hass und Verachtung. Den Wölfen erging es nicht anders – »Und heute?«, sinniert der Mann auf der Leiter.

Wie mit dem Katapult geschleudert quillt es da plötzlich zwanzig Meter links vom Sitz aus der Dickung: Damwild!

Mit einem Schuss, der jedem Schrotschützen Ehre gemacht hätte, bricht ein Schmaltier im Knall zusammen, kommt, während des Repetierens wieder hoch und verschwindet hinter einem Reisighaufen. Gebannt verfolgt der Jäger das kranke Stück durch das Absehen des Zielfernrohrs, und schon erscheint es aus der Deckung und verendet nach dem Fangschuss.

Links

In solchen Situationen bleibt die Kugel im Lauf.

Unten

Auch Kolkraben profitieren von erfolgreichen Drückjagden.

Die Drückjagd

Die Hälfte des zweiten Drückens ist bereits vergangen, da bricht es, Zweige knacken, der Hund setzt sich auf. In seiner Blickrichtung flüchten sechs, sieben, acht Stück Damwild auf die kleine Leiter zu. Wieder wird der kleine Trupp von einem jungen Hirsch, einem schwachen Spießer, begleitet, und wieder ist er ständig verdeckt. Die Mündung des Büchsenlaufes wandert zum Schluss des Rudels, dem ein Wildkalb folgt. Baum, Wildkörper, Baum, doch als das Stück für wenige Herzschläge in der nächsten Lücke erscheint, leuchtet nach dem Schuss seine helle Unterseite auf vierzig Gänge durch den dichten Bestand zum Ansitzbock herüber.

Die gefiederten Sänger, Amsel, Singdrossel und Buchfink verschweigen Minuten lang. Die kurze Stille, sonst wunderbar, trostreich und beglückend zugleich, wirkt für Augenblicke beklemmend, doch dann lehnt sich der Jäger zufrieden, aber aufmerksam zurück und wartet entspannt auf das Hornsignal »Hahn in Ruh«.

Links

Jetzt heißt es warten, bis das Kalb frei steht.

Unten

»Jagd vorbei« und »Halali«. Noch einmal gehen die Gedanken der Jäger in dankbarer Erinnerung zurück in den Wald.

Das Ankriechen mit dem »Wisch«

Auf größeren Flächen ohne höheren Bewuchs steht das Wild mitunter so, dass man sich ihm von keiner Seite aus unbemerkt aufrecht nähern kann, weil jegliche Deckung fehlt. Dann ist es für einigermaßen sportliche Jäger angesagt, auf allen vieren an das Stück heranzukriechen.

Hilfreich ist dabei ein »Wisch«. Die Jagd mit dem Wisch ist in Deutschland jedoch fast in Vergessenheit geraten.

Der ankriechende Jäger hält als Deckung einen dicht benadelten oder belaubten, möglichst buschigen Zweig, dessen unteres Ende zugespitzt wird, damit es sich leicht in den Boden drücken lässt, vor sich, so dass er seine Gestalt, von vorn gesehen, deckt, und robbt bedächtig bis auf günstige Büchsenschussentfernung auf das Wild zu. Es wird kaum von dem sich langsam nähernden Busch Notiz nehmen, denn der Wisch verwischt die Gestalt des Jagenden und lässt ihn optisch mit dem Boden verschmelzen.

Beim Robben darf man das Ziel nicht aus den Augen lassen. Wirft das Stück auf, legt man sich platt auf den Boden, wird praktisch »unsichtbar« und bewegt sich erst weiter vorwärts, wenn das Stück wieder vertraut ist und den Kopf am Boden hat.

Selbstverständlich muss auch bei dieser Jagdart der Wind, der auf großen freien Flächen meistens berechenbarer ist als im Wald, mitspielen.

Die Jagd mit dem Wisch verspricht allerdings nur Erfolg, wenn man es mit einem oder wenigen, nah

Ein weiter Schuss – ein schlechter Heger!
Pirsch an dein Wild – dann bist du Jäger.

beieinanderstehenden Stücken zu tun hat, weil der Jäger sonst von einem seitwärts stehenden Tier zu leicht eräugt würde.

An Wild heranzukriechen ist zwar nicht jedermanns Sache und hängt auch von der körperlichen Konstitution des Jägers ab, es ist aber nicht so schwierig, wie landläufig angenommen wird, und, besonders bei der Rehwildbejagung, mit etwas Geschick meistens erfolgreich.

Rehe halten den kriechenden Menschen nämlich erstaunlich gut aus, während sie einen geduckt heranschleichenden Zweibeiner eher als akute Gefahr »durchschauen«.

Selbst Schwarzwild lässt sich, wenn es im Gebräch steht, verhältnismäßig einfach und problemlos ankriechen. Weil es zum einen keinen sehr ausgeprägten Augensinn hat und zum anderen oft, sofern es sich sicher fühlt, sehr vertieft ist in die Nahrungsaufnahme. Aber auch bei der Bejagung dieser Wildart gilt, penibel auf den Wind zu achten.

Auch den Busch, den der Entenjäger zur Tarnung am Bug seines Kahnes anbringt, um von den misstrauischen Breitschnäbeln nicht bemerkt zu werden, nennt man in der Jägersprache »Wisch«.

Jagen mit dem »Wisch«, eine fast vergessene Jagdart.

Auf allen vieren

Eine Amsel warnt. Gespannt konzentriert sich der Jäger auf die Stelle, von der die abgehackten Alarmsignale kommen. Sosehr er aber auch lauscht und starrt, er nimmt kein anderes ungewöhnliches Geräusch, keine verdächtige Bewegung, kein Brechen eines Zweiges wahr, und allmählich lässt seine Konzentration nach, obwohl sich der Vogel nicht beruhigt.

Plötzlich fährt der Mann auf dem Hochsitz zusammen, leises Rascheln, Schnaufen dringt an seine Ohren. Während er, im Glauben, Sauen seien auf dem Anmarsch, zur Büchse greift, erscheint ein Dachs unter der Leiter, wackelt zwei, drei Meter auf die freie Fläche hinaus, verhofft, und als sei es ihm noch zu hell, wendet Grimbart und verschwindet wieder im Bestand.

Ein Hase hoppelt mit großen Sprüngen bis in die Mitte der großen Fläche und beginnt arglos zu mümmeln. Kurz darauf erscheint ein Fuchs und maust in friedlicher Eintracht mit dem Krummen, der sich von der Nähe seines Erzfeindes nicht beeindrucken lässt, nur wenige Meter von ihm entfernt.

Das schlichte Grün der großen Wiesen hat sich in den letzten Tagen zu einem gelb leuchtenden Meer aus Löwenzahnblüten verwandelt, aber auch das Gelb verschwindet allmählich, verblüht, stattdessen schmückt sich der Platz mit dem Silberweiß der Pusteblumen.

Aufrecht sitzen zwei Braunkehlchen auf zwei Zaunpfählen, mustern ihre Umgebung, verlassen ab und an ihre Ansitzwarte, erbeuten zielgenau ein schwirrendes Insekt in der Luft und harren wenig später wieder regungslos auf ihrem Pfahl.

Braunkehlchen sind selten geworden. Viele Jäger kennen ihre Laute nur noch von Vogelstimmenkassetten. Wiesen, bevorzugte Lebensräume der hübschen Vögel, gibt es wohl noch genügend, sie werden aber immer mehr in trostlose Maisäcker umgebrochen. Es besteht zwar kein Mangel an Grünland, aber das meiste dient der schnellen Produktion von viel Gras. Intensive Düngung und drei-, viermaliges Mähen halten nur wenige Pflanzen- und Insektenarten aus. Statt wimmelnder Vielfalt eintöniges Grün, kein Platz mehr für Blüten und Braunkehlchen.

Ein Kuckuck streicht über die benachbarte Wiese, blockt auf einem der Zaunpfähle, ruft, keckert und fliegt weiter.

Warum legt der Kuckuck seine Eier in fremde Nester?, denkt der Jäger. Der Sage nach wies Gott, als er die Erde erschuf, sämtlichen Tieren eine Wohnstatt zu. Alle waren zufrieden bis auf den Kuckuck. Ihm war das Nest auf der Wiese zu frei, die Höhle im Baum zu dunkel und der Platz in der Hecke zu luftig. Schließlich wurde der Herr zornig über den wählerischen Vogel, und seitdem muss er ohne eigenen Nistplatz umherirren und seine Eier in fremde Nester legen.

Galt der Kuckuck früher bei vielen Völkern als weise, als Prophet und Vogel des Lebens, wurde er später zum Synonym des Bösen. »Hol dich der Kuckuck ...«, sagt man noch heute, gemeint ist damit der Teufel. Aus »Gauch«, dem altdeutschen Namen des gesperberten Vogels, wurde »Gaukler«, Begriff für fahrendes, betrügerisches Volk. Für viele Menschen ist der fröhliche Ruf des Kuckucks aber das Symbol für erwachendes Leben im Frühling.

Rechte Seite
Oben links
Nach der Mauser wird aus dem jungen Braunkehlchen ein auffallend hübscher Vogel (Braunkehliger Wiesenschmätzer).

Oben rechts
Um ihn ranken sich zahllose Legenden: der Kuckuck, der seine Eier in fremde Nester legt.

Unten
Meister Grimbart, der Dachs. In großen Waldgebieten vom Forstmann gern gesehen, im Niederwildrevier dagegen wenig geschätzt.

Folgende Doppelseite
Ist der Bewuchs höher, klappt das Ankriechen auch ohne »Wisch«.

Das Ankriechen mit dem »Wisch«

Da tritt weit, wohl über 300 Meter entfernt ein Reh aus dem Wald. Zwischen dem Hochsitz und dem Reh steht ein kleines Gebüsch, als Deckung, um an das Stück heranzukriechen, ideal, und so steigt der Jäger bedächtig die Leiter hinunter und schleicht gebückt darauf zu. Ein Schmalreh ist es, schwach und mit ruppiger Decke, bestätigt der Blick durch das Fernglas, als er etwas näher herangepirscht ist.

Als er den Busch erreicht, ist das kümmerliche Reh weitergezogen. 250 Meter äst es nun entfernt, für einen sicheren Schuss sehr weit. Ein buschähnlicher Baum, hundert Meter vor dem Mann, kommt ihm sehr willkommen. Tief gebückt eilt er nach rechts, bis er sich endlich zwischen dem Busch und dem Wild befindet, wieder Deckung hat und sich im flotten Laufschritt dem Reh nähern kann. Es hat seinen Verfolger noch nicht wahrgenommen, ist zügig weitergezogen, sodass sich der Abstand kaum verringert hat.

Ein erneuter Blick durchs Zielfernrohr bestätigt, es ist immer noch zu weit.

Geduckt geht es nach links, bis der Busch notdürftig Deckung gibt.

Als er den Strauch erreicht und vorsichtig durch die Zweige lugt, verhofft das Schmalreh auf knapp 150 Gänge, aber einen Schuss, bei dem Glück im Spiel ist, um zu treffen, möchte der Mann nicht riskieren. Will er näher heran, muss er es auf allen vieren versuchen. Dabei soll der große, dicht belaubte Zweig helfen, den er sich behutsam von dem Busch abschneidet. Sodann lässt er sich auf die Knie herab und robbt auf dem braunen Boden, wo altes, hartes Gras verdorrt und sich gleichzeitig neues, zartes aus dem rötlichen Staub hervorwagt, schlangengleich los. Nackte Haut auf nackter Erde – Steine und vertrock-

Eine Landschaft wie für Rehe geschaffen: Äsung und Deckung im Überfluss.

Das Ankriechen mit dem »Wisch«

nete Erdklumpen drücken sich schmerzhaft in Knie und Handknöchel.

Dicke Hummeln und geschäftige Bienen summen hin und her, der Mann muss vorsichtig sein, wohin er seine Handflächen setzt, damit er nicht gestochen wird.

Auf dem linken Unterarm will sich ein Marienkäferchen in Sicherheit bringen, fällt zurück ins Gras, versucht einen Halm zu erklimmen und plumpst wieder zu Boden. Der Jäger hält sich diesmal aber nicht mit dem Bestaunen des farbenfroh leuchtenden Juwels auf, der Beutetrieb in ihm ist stärker.

Als er nach fünf Minuten auf dem Bauch rutschend vorsichtig den Kopf hebt und am Wisch vorbeistarrt, steht das kranke Reh immer noch an derselben Stelle. Weiter geht es. Schweiß rinnt ob der ungeübten Anstrengung in seine Augen und brennt, die Ellenbogen tun weh, aber er kommt näher.

In einer unscheinbaren Senke kann der Mann hinter dem dichten Zweig zehn, zwanzig Meter auf Knien und Händen kriechen, ohne vom Reh bemerkt zu werden, doch die Erholungspause ist nur kurz, und er muss wieder »den Staub küssen«.

Die Stille rauscht in seinen Ohren. So dicht mit dem Kopf am Erdboden, vermeint er das Flüstern des kurzen Grases, wenn es unter seinem Körper niedergedrückt wird, das Sirren kleiner Insekten zu hören und die trockene, braune Erde zu riechen.

Weitere zwanzig Meter hat er im Schutz seines Wischs zurückgelegt, ohne dass das Reh ihn bemerkt hat. Aber es reicht nicht, er muss noch näher heran, lässt das störende Fernglas zurück und macht im Schutz des Wischs eine weitere Pause, als sich ein Wadenkrampf ankündigt.

Als er wieder behutsam seinen Kopf hebt, um probeweise durch das Zielfernrohr hindurch das kranke Stück anzuvisieren, ist er immer noch knapp 100 Gänge entfernt.

Vorsichtig schmiegt sich die Schaftkappe des Gewehrkolbens an die Schulter. Die Augen und die Laufmündung sind, als seien sie durch eine unsichtbare Linie mit der erhofften Beute verbunden, starr auf das kümmernde Reh gerichtet. Ruhig, ohne Hast, sucht der gekrümmte Finger den Druckpunkt am Abzug, und dann macht sich große Freude und Befriedigung in dem Jäger darüber breit, dass er eine leidende Kreatur erlösen konnte.

Das Ankriechen mit dem »Wisch«

Das Fuchsreizen

Wer die Sprache der Tiere kennt, versteht, sie naturgetreu nachzuahmen, kann wohl jede Wildart oder deren Opfer, seien sie von anderem Geschlecht oder Beute, erfolgreich anlocken.

Dabei nutzt der Jäger den Paarungswillen der eigenen Art aus, nur das Fuchsreizen bildet eine Ausnahme. Hier wird auf den Hunger Reinekes eingewirkt.

Die roten Freibeuter lassen sich mit unterschiedlichen Lauten überlisten, stehen zu, wenn eine Maus quietscht, ein Kaninchen klagt, ein Hase quäkt, ein Kitz ruft oder ein Vogel sein Angstgeschrei ausstößt.

Werden diese Locktöne imitiert, müssen sie naturgetreu klingen, außerdem muss der Waidmann mitunter sehr viel Geduld aufbringen, die Gewohnheiten des Raubwildes kennen, und das Wetter muss mitspielen.

Das Mäuseln wird, um den roten Freibeuter heranzulocken, wohl am häufigsten angewendet, wirkt zu jeder Jahreszeit, und der Fuchs vernimmt es über 150 Meter weit. Es bedarf dazu keines großen musikalischen Talents, und wenn ein Ton missglückt, ähnelt er meistens dem quietschenden Angstlaut eines Kleinvogels.

Die Hasenklage lässt das Raubwild aus weiter Entfernung zustehen, im Wald bis zu 400 Meter, im Feld, wenn es windstill ist, sogar noch sehr viel weiter.

Das Quäken ist besonders bei hoher Schneelage oder anhaltendem Frost, wenn sich die Mäuse, Hauptbeute Reinekes, tief in der Erde verbergen, lohnend. Die besten Strecken erzielt man deshalb in mäusearmen Jahren.

*Ist der Fuchs auch noch so schlau,
einmal kommt er aus dem Bau.*

Alte Jägerweisheit

Das Klagen wird meistens mit einem künstlichen Instrument geübt. Alte Meister der Kunst können es auch noch auf der hohlen Faust und mit dem Mund. Doch dringen die so hervorgebrachten Laute nicht so weit wie das Klagen mit der Quäke. Wind, der bei der Jagd auf den roten Freibeuter pfeilgerade zum Schützen weht, ist nicht unbedingt der günstigste. Nur unerfahrene Füchslein vertrauen blindlings den lockenden Tönen.

Durch die Hasenklage lassen sich außer dem Fuchs auch anderes Raubwild, Krähen, Elstern sowie Greifvögel anlocken, und gegen Ende des Winters kommt sogar Meister Lampe selbst auf die Locktöne angeflitzt. Wahrscheinlich sind es Rammler, die aus Eifersucht zustehen und eine von anderen Rammlern bedrängte Häsin vermuten. Für den Jäger der beste Beweis dafür, dass er die Hasenklage naturgetreu wiederzugeben versteht.

Nicht umsonst besagen zwei alte Jagdweisheiten: »Sitzen die Jäger lieber in der warmen Stube beim Kartenspiel, gilt der Balg dem Fuchs noch viel«, und: »Ist der Fuchs auch noch so schlau, einmal kommt er aus dem Bau.«

Wird es noch ein zweites Mal klappen?

99

Gut gelockt ist halb gestreckt

Die silbern schimmernde Mondscheibe erscheint mit ihrem fahlen Licht gerade im Osten über der dunklen Kulisse des Waldes, da schallt ein jämmerliches Klagen über das mit Schnee übergossene Feld. Täuschend ähnlich hat es der Jäger, der in dieser faszinierenden Mondnacht seit einer Stunde warm eingepackt regungslos auf seinem Dreibein harrt und schweigend in die Winternacht starrt, nachgeahmt.

Das Gesträuch hinter der Hecke gibt ihm notdürftig Deckung, die aber beim Schießen nicht behindert. Der Nachtwind ist fast eingeschlafen, weht ganz sachte, aber eisig aus Westen.

Kein Laut ringsum im weiten Feld. Die Natur schweigt, tiefe Ruhe herrscht. Der Schnee schluckt die Laute der Nacht. Nur einmal wird die Stille durch das Schrecken eines Rehs unterbrochen.

Die grimmige Kälte frisst sich unerbittlich durch Mantel und Stiefel. Bei den Zehen beginnend schleicht sie erbarmungslos den Körper empor und wird immer spürbarer.

Der Mond hat seine Färbung verändert. Schien er zu Anfang des nächtlichen Ansitzes noch silbrigweiß, wirkt er nun rötlich-golden und noch kälter. Das bleiche Licht wirft matte Strahlenbündel durch die kahlen Büsche, zeichnet dunkel und weich verzerrte Schattenrisse auf die helle Schneefläche.

Feingliedrig wie glitzerndes Filigran heben sich die Zweige gegen den hellen Himmel ab. Die Randstauden sind bis in die Spitzen hinauf mit Reif übersponnen, stehen wie Silbersäulen. Ein Märchenwald kann

Rechts
Während Reineke hochzeitet, beginnen für das Schwarzwild harte Zeiten.

Folgende Doppelseite
Ideale Einstände – ob für Fuchs oder Sau.

Das Fuchsreizen

keine beeindruckendere Stimmung hervorzaubern als Schnee und Eis.

Da erscheint ein Sprung Rehe in der glitzernden Helle, zu weit, um sie sicher anzusprechen, aber nah genug, um sie ausgiebig zu beobachten. Die ungewohnte Helligkeit passt nicht zum natürlichen Lebensrhythmus des Äsens, Wiederkäuens und Ruhens des Wildes, es ist unruhig.

Ein Märchenwald kann keine beeindruckendere Stimmung hervorzaubern als Schnee und Eis.

Ab und an schlägt eines der Stücke mit den Läufen den Boden von Schnee frei, plätzt, senkt langsam den Kopf zur Erde und äst. Ein friedliches Bild, aber es täuscht. Der Tod lauert auf das schwache Wild, und auch das Starke leidet in dieser Zeit mitunter bittere Not.

Die Geisterstunde ist längst vorüber. Zwar spürt der Jäger die Kälte immer stärker, doch er nimmt die traumhafte Szenerie der vom matten Mondlicht übergossenen Feldflur in vollen Zügen in sich auf, auch wenn sonst kein Wild zu entdecken ist.

Als sei es Lampes letzte Klage

Angstvoll schallt nach einer Viertelstunde frostiger Wartezeit noch einmal jammernd, eindringlicher und verzweifelter, des Hasen Todeslied über das Feld.

Weit entfernt erscheint ein Hase, hoppelt unschlüssig nach links, nach rechts, sitzt bewegungslos, nur als dunkler Punkt zu erkennen, und baut plötzlich einen Kegel, als er die schaurige Klage seines armen Vetters vernimmt, sicheres Zeichen, dass dem Krummen etwas nicht geheuer vorkommt. Vorerst ist aber kein weiteres Lebewesen zu entdecken.

Gut, wenn die Waffe bereits im Anschlag liegt – die kleinste Bewegung des Jägers, und Reineke ist verschwunden.

Das Fuchsreizen

Doch wenige Momente später nimmt der Jäger im äußersten Augenwinkel eine Bewegung wahr. Ein schmaler dunkler Strich bewegt sich auf ihn zu, wird größer und größer, aus dem dunklen, punktförmigen Schatten wird ein schlankes, längliches Wesen. Im Nu ist die beißende Kälte vergessen. Ab und an verhoffend, schnürt ein Rotrock, wie von Geisterhand gezogen, vorsichtig einen Bogen schlagend, um Wind zu holen, den verführerischen Tönen entgegen.

Klar hebt sich »der Herr von Malepartus« gegen die weiße Schneedecke ab, aber noch ist er weit außerhalb einer tödlichen Schrotgarbe.

Die Geduld des Jägers wird auf eine harte Probe gestellt. Er wagt kaum Luft zu holen. Wenn er ausatmet, tut er es durch die Nase, um zu vermeiden, dass warmer Dampf aus seinem Mund in die klare Nacht »raucht« und ihn verrät. »Nur keine falsche Bewegung«, ermahnt er sich hinter seiner spärlichen Deckung.

Schließlich kann der listenreiche Rotrock den verlockenden Lauten nicht widerstehen, kommt misstrauisch näher und verhält wieder unschlüssig. Aufmerksam mustert er erneut seine Umgebung. Endlich erscheint ihm die Luft rein, und einige feine Mäusepfiffe lassen den Schelm schließlich seine sprichwörtliche Vorsicht vergessen. Zügig schnürt er auf den Jäger zu.

Im Zeitlupentempo hebt der Jäger seine Flinte, die Laufmündungen weisen auf den regungslos sichernden Rotrock, und als das Korn einen Teil des Wildkörpers verdeckt, bricht, nein bellt der donnernde Schuss in die Stille der eisigen hellen Winternacht. Der hohe, weiche Schnee lässt den Knall des Schrotschusses wie in Watte ersticken.

Meister Reineke macht in der Schrotgarbe einen Sprung und sinkt zur Seite, er hat den Knall nicht mehr vernommen.

Der Jäger ist von dem grellen Mündungsfeuer geblendet und wartet mit geschlossenen Augen mehrere Augenblicke, bis er sich von seinem Jagdstuhl erhebt, die klamm gewordenen Glieder reckt, zu seiner Beute stapft und ihr versonnen über den weiß bereiften Balg streicht.

Unzählige Flocken funkeln im Schein der Mondes und der Sterne, reflektieren das Licht aus dem klaren Himmel, als sich der stolze Schütze durch den knirschenden Frost auf den Heimweg macht.

Das Frettieren

Durch regelmäßig wiederkehrende Myxomatose- und Chinaseuchenzüge wurden Deutschlands Wildkaninchenvorkommen fast ausgelöscht. Auf einigen ostfriesischen Inseln aber sind die Lapuze von der Seuche verschont geblieben oder die Besätze resistent geworden – zur Freude der Jäger, zum Leidwesen mancher Inselbewohner, denn die kleinen grauen Flitzer hinterlassen mitunter große Spuren, unterhöhlen Deiche, gefährden den Küstenschutz, fühlen sich auch in den Gärten der Insulaner wohl und tun sich an ihren Gemüsebeeten gütlich. Werden die Schäden zu groß, sind die Jäger gefordert.

Reaktionsfähigkeit, sicherer Anschlag, Schnelligkeit sowie große Aufmerksamkeit und Konzentration sind dann erforderlich, wollen sie zu Schuss und Beute kommen. Aber es gibt ja vierläufige Helfer: Hunde und Frettchen.

Frettchen sind eine domestizierte Art des Iltis'.

Albino-Frettchen sind weiß mit roten Sehern, farblosen Nägeln (Krallen) und heller Nase, Iltis-Frettchen ähneln im Aussehen wild lebenden Iltissen.

Man lässt den kleinen Jagdhelfer in einen Kaninchenbau einschliefen, und weil er der natürliche Feind der grauen Flitzer ist, flüchten diese in großer Panik ins Freie, sie »springen«, und werden dort vom Jäger mit der Flinte oder mit dem Beizhabicht erwartet. Auch das Fangen der springenden Kaninchen in engmaschigen Netzen, sogenannten Kaninchenhauben, die über die Bauöffnung gelegt werden, ist üblich.

Dicht daneben ist auch vorbei.

Mitunter wird das »Frett« vor dem Einschliefen mit einem Halsband und einer kleinen Glocke daran versehen, damit die Kaninchen rechtzeitig vor ihm gewarnt werden, noch leichter springen und um den Standort des Frettchens, zumal wenn es sich in der Nähe einer Ausfahrt befindet, rascher zu erkunden.

Manche Jäger legen ihrem »Frettwiesel«, wie die kleinen Marder auch genannt wurden, außerdem einen Maulkorb an, damit sie kein Kanin fassen und reißen können.

Sehr nützlich ist beim Frettieren ein feinnasiger Hund, der anzeigen kann, ob die Baue befahren sind oder nicht. Sind die Bewohner »zu Hause«, werden die Schützen so angestellt, dass sie möglichst alle Ausfahrten bestreichen können, ohne sich gegenseitig zu hindern oder zu gefährden. Das Frettchen wird hineingelassen und bald zeigt ein unterirdisches Rumpeln die Panik der grauen Flitzer an. Wie aus der Pistole geschossen verlassen sie den Bau, um ihren Balg zu retten.

Die beste Zeit zum Frettieren sind die Monate November, Dezember und Januar. Vorher sind die Jungen des letzten Satzes noch gering, das Wetter warm und die Lapuze liegen viel außerhalb der Baue. Ende Januar setzt bereits die Rammelzeit ein, und das Wildbret eines alten Rammlers ist nicht sehr genießbar.

Jeden Augenblick kann ein grauer Flitzer springen.

Das Kaninchen und der Floh, schießt du, sind sie anderswo

Auf dem Weg zu den Dünen marschiert der Jäger mit einer großen Kiste und seinem Hund durch ein Birkengehölz. Das Wäldchen macht den Eindruck, es sei durch Wildverbiss kurz gehalten, aber es ist der stetige Südostwind, der im Frühjahr die jungen Triebe, die aus dem Dünental emporwachsen und wie abrasiert wirken, verkümmern lässt. Kein Zweiglein ragt über den Dünenkamm hinaus. Wind und Wetter haben Landschaft und Bewohner hier auf wohl einmalige Art geprägt – seit Jahrhunderten kämpfen Menschen, Tiere und Pflanzen auf den ostfriesischen Inseln dagegen an. Nur den Seevögeln und den Ka-

ninchen scheint die unwirtliche Witterung nichts anhaben zu können.

Der Wind rauscht und weht ab und zu den verlorene Schrei einer Möwe herüber, ansonsten herrscht wohltuende Ruhe.

Wind und Sonne spielen mit den langen Blättern des Strandhafers und zaubern silber gleißende Lichteffekte, sodass der Jäger seine Augen geblendet zusammenkneifen muss.

Auf einem Dünenkamm angelangt, wandert der Blick weit über den weißgrauen Strand und das unruhige, mit Schaumkronen bedeckte Meer. Dann geht es wieder Richtung Binnenland, über hellgrau-grüne Moospolster, bedeckt mit Kaninchenlosung, vorbei an zahlreichen Karnickelbauen.

Auf der spärlichen Humusschicht läuft es sich angenehmer als auf dem feinen Sand. Spärliches Gras und Moosbeeren wachsen hier – eine nordische Tundralandschaft. Und immer wieder die unterirdischen Triebe des Strandhafers, die den Boden verfilzen, befestigen und dem ständig wehenden, stürmenden oder brausenden Wind das Land streitig machen. »Nähnadel Gottes« nennen die Einheimischen diese Pflanze.

Da fährt ein Karnickel aus dem Strandhafer, nur für Sekunden taucht es auf, um sofort in eine Röhre einzufahren. Grauer Sand scheint das graue Wild verschluckt zu haben.

Wenig später verharrt der Münsterländer wie eine Statue, steht an einem unscheinbaren Busch vor. Der Jäger stellt die Kiste auf den Boden und ergreift seine

Flinte mit beiden Händen, fasziniert von dem schönen Bild, das der braun-weiße Hund bietet. Als er sich ihm nähert, flüchtet ein kleiner grauer Blitz davon, zeigt nach dem Schuss Weiß, und stolz apportiert der vierläufige Jagdbegleiter seinem Herrn die gemeinsame Beute: ein Kuniglein, wie Kaninchen im Mittelalter genannt wurden.

Misteldrosseln wurden früher mit sogenannten »Dohnen« nachgestellt, die Vögel galten als Delikatesse.

Eine Sumpfohreule gaukelt über goldgelb leuchtendem Kriechweidengestrüpp davon. Aufgeregt stieben Misteldrosseln schackernd davon. Verträumt folgen die Augen des Mannes den hübschen Vögeln.

Ein lateinisches Sprichwort sagt: »Turdus ipse sibi cacat malum« – »Die Drossel macht sich ihr Unglück selbst.« Wie treffend, Misteldrosseln verzehren die Beeren der Mistel und scheiden die gequollenen und somit keimfähigen Samen im Geäst der Bäume wieder aus. Die Vögel tragen so zur Verbreitung der Pflanze bei, aus der man den Leim zum Drosselfang herstellte.

»Wenn der Wind jagt, soll der Jäger nicht jagen.«

Die ständige leichte Brise entwickelt sich zum Wind, der Regen wird stärker, dunkle Wolkenschatten jagen über die steilen Dünenhänge dahin. Viele Kaninchen liegen bei dieser ungemütlichen Witterung gewiss nicht draußen, sondern stecken in ihren Bauten. Für die Jagd im Allgemeinen ist das Wetter nicht günstig, zum Frettieren erscheint es aber ideal.

Nach kurzer Rast verhält der Jäger an einer riesigen Kaninchenburg. Zahllose Röhren, weithin leuchtende Einfahrten, massenweise Losung auf kahl gefressenen Grasflächen und gutes, 30 bis 40 Meter weites Schussfeld erwartet ihn und seine drei vierläufigen Helfer. Unzählige frische Kratzstellen zeugen von nächtlichem Treiben – ein Dorado für Karnickel und Erfolg versprechender Stand zum Frettieren.

Der Mann stellt abermals die Kiste auf den Boden. Da rutscht ein grauer Schatten über den weißen Sand. Im Nu liegt die Flinte an der Schulter, das Kanin ist verschwunden, taucht in einer Lücke wieder auf und rolliert in einer Schrotgarbe. Freudig wird die myxomatosegezeichnete Beute – verheilte Narben zeugen

Das Frettieren

von der Seuche – aufgenommen, ausgedrückt und in den Rucksack gesteckt.

Während der Münsterländer interessiert die Einfahrten der vielen Röhren bewindet, fasst der Jäger behutsam in den Kasten, greift eines der beiden Frettchen und streichelt ihm über den kleinen Kopf. Dem domestizierten Iltis steht aber der Sinn nicht nach

Zärtlichkeiten, aufgeregt windet er sich zwischen den Händen, und während der Hund aufmerksam das Tun seines Herrn beobachtet, setzt der das Frett vor einer Röhre, die frisch befahren scheint, auf die Erde. Im Nu ist es verschwunden.

Noch ehe das zweite Frettchen aus der Kiste gelassen ist, hoppeln zwei Kaninchen gemächlich von den

Das Frettchen gilt aufgrund einiger Merkmale von Knochenbau und Tragzeit als Abkömmling des Steppeniltisses.

Kaninchen lieben die Sonne, erst wenn Gefahr droht, werden sie einschließen.

Bauen fort, ohne beschossen zu werden – sie sind zu weit.

Dann harrt der Jäger, mit guter Sicht über mehrere Einfahrten, erwartungsvoll auf das Erscheinen eines Lapuzes. Spannende Minuten vergehen, in denen seine Blicke unablässig von einer Röhre zur anderen wandern, jeden Augenblick bereit, die Flinte hochzureißen, aber kaum eine Bewegung, kaum ein Geräusch, weder unter noch über der Erde.

»La patience est l'art d'espérer«, sagt ein französisches Sprichwort. Und Geduld ist manchmal beim Frettieren angesagt. Möwen kreischen erwartungsvoll über dem zweibeinigen und den drei vierläufigen Jägern.

Da! Durch vernehmliches Rumpeln kündigt sich plötzlich unter der Erde ein Kanin an, fliegt fast aus der Röhre und rolliert, nachdem es förmlich zwischen den Füßen des Jägers aus dem Boden katapultiert wurde, kaum dass es das Licht der Sonne erblickt hat, in einer gezielten Schrotgarbe.

Wahrend er nach der abgeschossenen Patronenhülse sucht, die er vor Erregung nicht auffangen konnte und die der Ejektor der Doppelflinte weit hinter ihn in den Sand geworfen hat, springen zwei weitere Lapuze aus derselben Röhre und bringen sich in einem entfernteren Bau unbeschossen in Sicherheit, bevor in Windeseile zwei neue Hülsen in dem Laufbündel versenkt sind und die Waffe zuklappt.

Kaum hat der erfolgreiche Schütze die Patronen in die rauchenden Schrotläufe gesteckt, fegt der nächste Lapuz aus dem Bau. Der erste Schuss geht fehl, der zweite lässt den Hund aufspringen und apportieren. Und schon heißt es erneut anbacken, mit-

schwingen, schießen – so schnell, wie das Karnickel erschien, rolliert es in der Schrotgarbe.

In weiten Sprüngen flüchtet das nächste Kanin über die Weiden davon, dicht gefolgt von dem Laut gebenden Münsterländer, der seine Passion diesmal nicht zügeln konnte. Er ist so nahe am Wild, dass ein Schuss ihn gefährden könnte. An einem Koppelzaun endet die kurze Jagd.

Kurz darauf schleppt sich ein beschossenes Karnickel noch in die nächstgelegene Einfahrt. Auf dem hellen Sand war die gut liegende Schrotgarbe deutlich zu erkennen. Der Hund kennt diese Jagd. Mit einer gewissen Gelassenheit beobachtet er seinen Herrn, achtet genau, ob ein Karnickel gefehlt wurde oder nicht, und sobald ein Kanin getroffen ist, apportiert er es seinem Herrn. Auch er hatte beobachtet, dass das Kanin verwundet wurde. Kümmerte er sich, wenn einer der Flitzer gesund abging, kaum um ihn, rast er nun los und buddelt aufgeregt in dem lockeren Sand am Eingang des Baus, in dem der graue Blitz verschwunden war, dass der Erdboden nur so spritzt. In Windeseile vergrößert sich die Einfahrt, und wenig später kann der Schütze, nachdem er auf dem Boden liegend tief in die Röhre gegriffen hat, das verendete Kanin herausziehen. Noch einmal gutgegangen.

An den Keulen hat sich bereits eines der Frettchen festgebissen, wird ebenfalls ans Tageslicht befördert, lässt von seiner Beute ab und verschwindet sofort wieder unter der Erde.

Der Wind treibt einige federleichte Wolleflöckchen vor sich her, lässt sie scheinbar schwerelos dahinschweben, bis sie irgendwo im Gestrüpp hängen bleiben.

Manche Waidmänner helfen sich, wenn sich ein verletztes Kanin in den Bau retten konnte, mit einem

Nach erfolgreichem
Einsatz: Wo ist der
nächste befahrene Bau?

Das Frettieren

Trick: Ein Zweig oder eine Rute wird an einem Ende auf ein bis zwei Zentimeter gespalten und so weit in die Röhre eingeführt, bis man Kontakt mit dem Lapin spürt. Sodann wird die Gerte zwischen den Fingern gedreht. Die gespaltene Spitze dreht sich dabei in der Wolle des Balges fest, und man kann die Beute auf diese Weise Stück um Stück ans Tageslicht ziehen.

Wie aus der Pistole geschossen verlässt erneut ein Kanin den Bau, oft genug hat es sich wahrscheinlich so seinen Verfolgern entzogen, aber dieses Mal verendet es im tödlichen Hagel. Ein zweites springt während des Nachladens der Flinte. Als die Waffe zuklappt, hat das Langohr seinen Balg längst gerettet.

Da poltert es wieder unter der Erde. Ein grauer Flitzer macht diesem Namen alle Ehre, jagt wie ein

Das Frettieren

grauer Pfeil aus der Erde und entkommt unbeschossen. In den Augen des hechelnden Hundes liegt ein leichter Vorwurf, obwohl er genügend Auslauf und Arbeit gehabt hat, seinem Herrn bereits sechsmal ein Karnickel apportiert hat.

Zweimal erscheint kurz der Kopf eines der unter Tage hart arbeitenden kleinen Jagdhelfer, entkommt aber sofort wieder, verschwindet wieselflink, bevor ihn der Jäger ergreifen kann.

Endlich sind beide Frettchen eingefangen. Erschöpft von ihrer anstrengenden Arbeit rollen sie sich bald in ihrer Kiste zusammen. Der Hund hingegen steckt noch voller Tatendrang, beobachtet seinen Herrn, der zufrieden neben dem Kasten mit den kleinen Stinkern sitzt, und in den großen hübschen Augen des vierläufigen Jagdbegleiters steht die Frage: »Warum jagen wir denn nicht weiter?«

»Ein guter Schütze weiß, wann er gefehlt, ein schlechter nicht, wann er getroffen hat.«

Aber die Dämmerung ist nicht mehr allzu fern. Schwarze Regenwolken hängen tief am Himmel, und beladen mit zwölf Kaninchen und zwei müden Frettchen in der Kiste macht sich der Jäger mit seinem ebenfalls erschöpften Münsterländer zufrieden auf den Heimweg.

Keine Zivilisationsgeräusche, nur Stimmen der Natur sind zu hören. Das schwermütige Rufen des großen Brachvogels hallt über das weite Land und ein Reiher klaftert krächzend davon.

Ein Schwarm Goldregenpfeifer schwebt wie eine zarte, glitzernde Wolke dahin, auf und ab, teilt sich, weht auseinander, so leicht, als handele es sich nur um kleine Federn, und fügt sich nach hundert Metern wieder zusammen, verschmilzt erneut zu einem großen Schwarm.

Ende eines aufregenden Jagdtages.

Rund um das Kreisen

Ein alter Waidspruch lautet: »Der beste Leithund ist der Schnee, der bringt den Sauen Tod und Weh.« – Eine frische Schneedecke verrät die Schwarzkittel durch ihr Fährtenbild. Der Jäger liest, wie in einem aufgeschlagenen Buch, in welche Einstände sie gewechselt sind, umkreist sie und weiß, wenn keine Fährten hinausführen, dass sich die Schweine gesteckt haben. Dann heißt es, schnell genügend Schützen zu mobilisieren, um den gekreisten Sauen auf die Schwarte zu rücken.

Wegen der Kürze der Wintertage sollte früh, nicht erst vormittags mit dem Kreisen begonnen werden.

Es empfiehlt sich, vorher die breiten Wege im Revier mit dem Auto abzufahren und frische Fährten zu suchen, um sich einen groben Überblick über die Anzahl der Sauen, die Rottenstärke und deren Einstände zu verschaffen.

Ideal ist, wenn es nachts aufgehört hat zu schneien, weil dann die Fährten der letzten fünf, sechs Stunden klar zu erkennen sind, und ältere, verwirrende Trittsiegel mit einem weißen Teppich zugedeckt wurden.

Während es bei einer nur wenige Zentimeter hohen, nassen Schneelage einfach ist, aus dem Fährtenbild zu lesen, ist es bei Pulverschnee oft unmöglich. Bei Tauwetter hingegen zerfließen die Trittsiegel von Rehen und werden groß wie die von Sauen.

Wird am selben Tag nicht mehr gejagt, sollten die Spuren verwischt werden, damit sie am folgenden

Der beste Leithund ist der Schnee,
der bringt den Sauen Tod und Weh.

Alter Jägerspruch

Tage den Jäger nicht irritieren, wenn über Nacht kein Schnee fällt. Je frostiger das Wetter, je hellhöriger der Wald, je weniger Menschen sonst das Revier beunruhigen und je kleiner die Einstände sind, desto weiter muss man von ihnen fernbleiben. Keinesfalls darf man an den Jagdtagen vorher Wege begehen, die Einstände durchschneiden oder unmittelbar an ihnen entlangführen.

Sauen ziehen meistens in einer Reihe hintereinander in ihre Einstände. So ist es schwierig festzustellen, wie viele Stücke gewechselt sind.

Um Gewissheit über die Stärke der Rotte zu bekommen und um das Wild nicht zu beunruhigen, verfolgt man sie nicht in Richtung Einstand, sondern geht die Fährten nach rückwärts aus.

Beim Umkreisen der Einstände und Prüfen, ob Sauen stecken, ist sehr behutsam vorzugehen. Die Schwarzkittel dürfen nicht zu früh angerührt werden, zumal sie morgens locker liegen oder noch auf den Läufen sind. Zieht der Wind in den Einstand hinein, hält man besser 200 als 100 Meter Abstand zu den Einwechseln.

Traumsituation auf der Drückjagd.

121

Solche Uriane sind in unseren
Breiten selten geworden.

Sauen fest!

Rechts

Das Herz pocht schneller,
ein leises Geräusch verrät
ziehendes Wild.

Unten

Auf großräumigen Drück-
jagden im Wald sollten
nicht so viele Hunde wie
möglich, sondern so wenige
wie nötig eingesetzt werden.

Früher klingelte viele Male im Jahr das Telefon, und es hieß dann: »Sauen fest.« Mit ausbleibendem Schnee sind diese Aufforderungen weniger geworden.

So ergreift den Jäger freudige Aufregung, als die Stimme am anderen Ende der Telefonleitung diese beiden faszinierenden Wörter ausspricht, und in Windeseile geht es voller Erwartung über nicht geräumte Landstraßen, durch tief verschneite Felder und Wälder zum vereinbarten Treffpunkt im Wald.

Dort warten sie schon, die Jagdfreunde mit ihren vierläufigen Helfern. Kurze Lagebesprechung – zwei Rotten stecken in einem niedrigen Bestand neben einer Dickung, hat der Jagdherr beim morgendlichen Kreisen bestätigt – und schon schleicht jeder der Jäger lautlos und voller Erwartung zu dem ihm beschriebenen Stand.

Endlich … so mag auch der Hund denken, endlich wieder draußen, um die Natur mit ihren kleinen und großen Wundern zu genießen, der kräftezehrenden Zivilisation den Rücken kehren zu können und Sauen jagen!

Wie lange hatte der Jäger nicht mehr am schneeverhangenen Dickungsrand gesessen und bestätigte Sauen erwartet, die in einer aufstäubenden Schneewolke aus dem Bestand brechen. Wie lange mag es her sein, dass er einen oder zwei der schwarzen Gesellen aus einer flüchtenden Rotte im Schuss rollieren ließ.

Die Sonne strahlt aus einem blauen, wolkenlosen Himmel, die Luft ist kalt und klar. Dicker Schnee liegt auf den Ästen der hohen Bäume, die Gräser haben silbrige Pelze angelegt. Die jungen Fichten sind zu malerischen Weihnachtsbäumen geworden. Büsche und Bäume blitzen.

Der Jäger hat es sich auf seinem Sitzstock bequem gemacht, einige schnelle Anschlagübungen geprobt, um gewappnet zu sein, wenn die Rotte in rasender Geschwindigkeit über die breite Schneise flüchten will, und mustert nun, wie sein Hund, der neben ihm im hohen Schnee sitzt, gespannt den Dickungsrand zur

Rund um das Kreisen

Rechten und das dichte Unterholz, in dem, wie beim vormittäglichen Kreisen festgestellt worden war, die Sauen stecken. Ab und an wandern die Blicke nach hinten, wo die krausen Wipfel des verschneiten Hochwaldes unbewegt in die hauchstille Bläue stoßen.

Mit wachen Sinnen genießt er die blendende Reinheit der weißen Welt und fühlt beeindruckt die erhabene Ruhe des winterlichen Waldes.

Warten in weißer Winterpracht

Auf dem Marsch zum Stand knirschte der Schnee laut unter seinen Stiefeln, als er durch den glitzernden Staub pflügte. Sein Atem ging stoßweise. Trotzdem die Luft eisig zwischen den Bäumen schwebte, war seine Stirn feucht von Schweiß.

Die Hündin suchte aufgeregt und interessiert nach frischen Spuren und Fährten. Erfolglos! Alles, was die Aktivitäten der vergangenen Nacht im Walde hätte verraten können, ist unter einer dicken Schneedecke verborgen.

Die Natur bietet ein Bild, das nicht in diese Jahreszeit passt. Einige Büsche tragen noch Blätter, als sei es Herbst, ein Resultat der extremen Trockenheit des Sommers. Der Wassermangel ließ manche Pflanzen in eine Art Hitzeschlaf verfallen, ähnlich der Winterruhe. Sie reduzierten den Stoffwechsel auf ein Minimum und warfen, um Energie zu sparen, einen Teil ihrer Blätter ab. Als im Spätherbst Regen im Überfluss fiel, wurde der Kreislauf wieder angeregt, die biologische Uhr, der Jahreszyklus, geriet erneut durcheinander.

In einem Grab kann es nicht stiller sein. Selbst die buchstäbliche Stecknadel hätte man nicht zu Boden fallen hören, die hohe Schneedecke verschluckt auch das allerfeinste Geräusch.

Noch ist der Boden nicht hart gefroren, noch können die Sauen brechen und brauchen keine Not zu leiden.

127

Traum oder Wirklichkeit?
Solch eine Situation wünscht
sich wohl jeder Drückjagdteilnehmer.

Rund um das Kreisen

Ein Schwarm Meisen schwirrt heran. Von Zweig zu Zweig, von Ast zu Ast schwingen sich die munteren Vögel, dass der pulverige Schnee stäubt, laut und fröhlich zirpend, als ob sie keinerlei Wintersnot kennen.

Plötzlich hallen zwei Schüsse herüber. Es klingt, als wären sie kilometerweit entfernt gefallen, dabei trennen nur höchstens 200 Meter den Jäger zum Nachbarstand.

Der Hund hat sich aufgesetzt, und auch der Jäger spürt, wie ihn, in Erwartung heranflüchtender Sauen, die Erregtheit packt. Aber nichts ist mehr zu hören, kein Stück ist zu vernehmen oder zu sehen, langsam klingt die innere Unruhe ab.

Es beginnt erneut zu schneien. Wild wirbeln die Flocken durcheinander, fallen immer dichter, und der Mann verbirgt Büchse und Zielfernrohr schützend unter seinem Lodenmantel.

Für eine Drückjagd ist das Wetter günstig, nicht so für die Treiber. Sie haben es nicht einfach, die borstigen Schwarzkittel aus ihrem Tageseinstand zu drücken, meditiert der Waidmann.

Es hatte bereits einen halben Tag geschneit, dazu herrscht Windstille. Auf den trockenen Zweigen von Büschen und Bäumen kleben gewaltige Schneemassen, die bei der leisesten Erschütterung schwer auf die Köpfe der Eindringlinge fallen.

Die Spuren, die Hund und Herr beim Anmarsch auf der breiten Schneise im tiefen Schnee hinterlassen hatten, sind zugeschneit, kaum noch zu erkennen.

Der Pulsschlag der Natur scheint langsamer geworden zu sein, fast still zu stehen. Aber das täuscht! Vielfältiges Leben regt sich unter und über der dichten Schneedecke. Das Pochen eines Buntspechtes unterbricht die Stille. Eifrig trommelt der hübsche

Rund um das Kreisen

Vogel auf einem trocknen Ast herum. Auch die Hündin blickt interessiert nach oben und verfolgt die flinken Bewegungen auf dem dicken Baum. Als der Specht abstreicht, ist noch kurz das Geräusch seiner Schwingenschläge zu hören, dann herrscht wieder tiefe Ruhe. Noch einmal verrät er sich. Diesmal zittert sein abgehackter Ruf verloren durch den ver-

schneiten Wald und dann breitet sich erneut diese atemlose Stille aus.

Da, noch undefinierbares Rauschen, Getrappel nähert sich. Sauen?

Während der Hund sich wieder aufsetzt, der Jäger sich von seinem Sitzstock erhebt, preschen zwei Rehe heran und verhoffen vier, fünf Gänge entfernt. Einen

Links

Buntspechte sorgen für Abwechslung auf der Drückjagd.

Unten

Früher Tarnkleidung oder Schneehemd, heute geht Sicherheit über alles.

panischen Ausdruck glaubt der Jäger in ihren Lichtern zu erkennen, als er die beiden Stücke entdeckt, bevor sie hochflüchtig auseinanderstieben und verschwinden.

Zehn Minuten später schnürt ein Fuchs aus der Dickung. Der Mann bemerkt ihn erst, als er bereits die Mitte der Schneise überquert hat, reißt die Büchse hoch, zu spät, Meister Reineke hat seinen Balg längst in Sicherheit gebracht. Kurz darauf kommt das Kitz vertraut zurückgezogen, verhofft am Dickungsrand und äugt gebannt zu den beiden reglosen Gestalten, bevor es abermals in der Schonung verschwindet.

»Hubertus steht dem Wilde bei
in Winternot, der herben,
denn fallen soll es durch mein Blei,
und nicht im Schnee verderben.«

Die Flocken werden dünner, schließlich hört es auf zu schneien. Mitunter schimmert es orangerot durch das weiße Gezweig, aber die angeregte Unterhaltung der in ihren leuchtenden Warnjacken näher kommenden Treiber klingt, als seien sie weit weg.

Schon treten die Männer auf die Schneise, formieren sich und drücken den Komplex nun von der anderen Seite, denn »da sind 'ne Masse Schweine drin«, erklärt ihr Sprecher begeistert.

Bald sind sie wieder verschwunden, und es herrscht erneut Stille. Die Treiber sind noch weit entfernt, trotzdem beschleunigt sich der Puls des Jägers, stellt sich bei Hund und Herrn wieder Drückjagdfieber ein, als sie Hundegeläut vernehmen.

Erwartungsvoll kleben die Blicke an dem Fichtenjungwuchs vor dem Stand, wandern konzentriert nach rechts und links, doch dann verstummt der Laut, Hund und Herr entspannen sich wieder. Allerdings nur für kurze Zeit.

Erneut nähert sich helles Hundegeläut, entfernt sich, kommt dann direkt auf die gebannt wartenden Jäger zu. Feines Brechen ist zu vernehmen, leise, doch laut genug, um zwei Augenpaare wieder an den Dickungsrand zu zwingen, und dann bricht es in einer aufstäubenden Schneewolke aus dem Bestand: Ein Überläufer versucht die Schneise zu überfallen.

Bevor er den angrenzenden Hochwald erreicht, fliegt der Schaft der Büchse an Schulter und Backe, hat der Jäger die Sau im Zielfernrohr erfasst, und sie rolliert im hohen Schnee.

Nochmals ertönt Hundelaut, kommt auf die beiden Wartenden zu. Die vierläufigen Helfer jagen direkt hinter der Treiberwehr, wie aus dem aufgeregten Geschrei der Männer zu entnehmen ist.

In dem weißen Gestrüpp stiebt der Schnee. Die Mündung der Büchse zeigt nach dort, wo jeden Augenblick Sauen aus der Dickung brechend zu erwarten sind. Zwei Wildkörper rasen heran – Sauen? Nein Ricke und Kitz. Sie verhoffen abrupt, nachdem der Jäger laut pfeift, und schon bricht das Kitz im Knall zusammen.

Und immer wieder steigen Spannung und Blutdruck, wenn Hundelaut sich überschlägt und mehr geiferndem Keifen als Bellen ähnelt, beruhigende, gleichzeitig erregende Drückjagdstimmung.

Der Hund starrt, am ganzen Körper zitternd, auf die jungen Fichten, und auch die Aufmerksamkeit des Jägers konzentriert sich darauf. Trotz des verschneiten Bodens ist näher kommendes Wild zu vernehmen.

Die Büchse geht langsam in Voranschlag. Spannende Sekunden vergehen, während die Blicke des Jägers vom Hund zu dem ersehnten Wild wandern.

Wie von einem Katapult geschossen bricht ein Stück Schwarzwild hervor, gefolgt von drei, vier, fünf

Besuch am Hochsitz. Dem
Rotkehlchen scheint die harte
Zeit nichts auszumachen.

Rund um das Kreisen

schwächeren Sauen. Erwartet und erhofft, aber so plötzlich überfällt die Rotte den Weg, dass der Jäger erst auf den letzten Frosch zu Schuss kommt. Er liegt im Feuer, bevor die restliche Rotte von der tief verschneiten Dickung verschluckt wird, und nur wackelnde, nun vom Schnee befreite Zweige verraten, wo der dunkle Spuk verschwand.

Das Ticken eines Rotkehlchens bringt Leben in das folgende Schweigen des winterlichen Waldes.

Ein Eichelhäher streicht krächzend davon. Der Jäger zuckt zusammen, weil er annimmt, der bunte Schreihals zeige ihm sich näherndes Wild an, aber der Waldpolizist hat den Zweibeiner bemerkt, warnt nun Artgenossen und macht Beutegreifer auf sich aufmerksam. Kurze befreiende Augenblicke, nachdem aus der Ferne Hundegeläut erklingt oder der Knall eines Schusses durch die klare Luft herüberhallt. Vorausgegangen ist jedes Mal angespanntes Lauschen in starrer Haltung, die Büchse in Halbanschlag. Lediglich die Augen bewegen sich von links nach rechts und wieder zurück am Dickungsrand entlang, alles andere wird mit Zwang ruhig gehalten.

Da! Noch einmal lautes Rufen, hysterische Schreie, bei den zweibeinigen Jagdhelfern herrscht heilloses Durcheinander. Aus dem aufgeregten Stimmengewirr klingt »Fuchs, Fuchs!« heraus, dann bleibt es still, bis die Treiber die Schützenreihe erreichen, das Jagdhorn jubelnd: »Hahn in Ruh«, und anschließend schwermütig und getragen »Jagd aus, die Jagd aus, das Jagen ist zu Ende, zu Ääääändede« verkündet. Und dann geht es zum prasselnden Feuer, wo die Strecke gelegt wird.

»Sau tot«, »Reh tot «, »Fuchs tot« klingt es durch den Wald, und ein beuteträchtiger Jagdtag neigt sich dem Ende zu.

Verblasen der Strecke bei Feuerschein, ein alter Brauch, nur die rote Warnkleidung ist neu.

Rund um das Kreisen

Der Hirschruf

Um erfolgreich mit dem Ruf einen Rothirsch anzugehen oder ihn zum Zustehen zu bewegen, braucht es echte Könner.

Ferdinand von Raesfeld (1855–1929) schreibt in einem seiner vielen jagdliterarischen Werke über die Klangfarbe des Rothirsches: »Außer dem vollen Brunftschrei hat der Hirsch in der Brunft noch andere Töne. Er knört, wenn er einen leisen, aber doch oft weiter hörbaren Rasselton von sich gibt. Er trenzt, wenn dieser Ton noch einige Klangfarbe hat, besonders kurz abgebrochen beim Treiben eines Tieres. Alle diese Brunftlaute sind dem Waidmann Helfer und Leiter bei der Jagd auf den Brunfthirsch.«

Der Jäger muss mit den Vorgängen auf und um den Brunftplatz sowie dem Verhalten und den Eigenarten des Brunfthirsches vertraut sein. Er muss die verschiedenen Lautäußerungen des Rotwildes, auch das Mahnen der Tiere, genau kennen und naturgetreu im richtigen Moment wiedergeben können.

Eine besondere Kunst ist es, sich mit dem Ruf der Gemütsverfassung und jeweiligen Stimmung des infrage kommenden Hirsches anzupassen, denn das Röhren setzt sich aus unterschiedlichen Lauten zusammen, die je nach Stimmungsgrad (geschlechtliche Erregung, Eifersucht, Wut oder Kampflust gegenüber einem Nebenbuhler) in Lautstärke, Tonlänge und -höhe differieren.

Ältere Hirsche schreien meist nicht so intensiv wie jüngere Semester und unterscheiden sich am An-

Und könnt es Herbst im ganzen Jahre bleiben.

Walter Frevert

fang der Brunft oft durch eine tiefere Stimme von den jüngeren Generationen. Am Ende der Brunft haben sich aber auch junge Hirsche oft heiser geschrien und haben dann gleichfalls ein tieferes Organ.

Die häufigste Lautäußerung der Rothirsche in der Brunft ist das Knören, längere nicht sehr laute, tiefe Töne. Da es, auch mit Trenzen oder Brummen bezeichnet, nicht aus vollem Hals kommt, klingt es gedämpft, als brumme der Hirsch vor sich hin.

Auch das Röhren des suchenden Hirsches kommt nicht aus vollem Hals, klingt melancholisch, sehnsüchtig und nicht gereizt.

Der beim Rudel stehende Hirsch zieht beim Röhren die Laute länger hin, schreit zufrieden und selbstbewusst allmählich ansteigend, dann wieder absinkend aus vollem Hals. Ist er jedoch gereizt, weil beispielsweise ein Beihirsch zu dreist geworden ist und vertrieben wird oder ein Tier sich nicht beschlagen lässt, stößt er kurz hintereinander drei, vier heisere Laute aus, die mit Sprengruf bezeichnet werden. Ihm folgt oft ein lang gezogener, kraftvoller Schrei, aus dem Überlegenheit und Siegesbewusstsein herausklingt.

Um die Lautäußerungen des Brunfthirsches laut genug wiederzugeben, ist ein Hirschruf fast unerläss-

Nicht nur kräftige Stimmbänder, auch viel Gefühl und ein musikalisches Gespür sind wichtig, um den Hirsch zum Zustehen zu bewegen.

137

lich. Der bekannteste ist das Gehäuse der Triton-schnecke, bei der die Windungen herausgebrochen sind.

Im Gebirge bevorzugen die Jäger anstatt der un-handlichen Muschel ein großes Ochsenhorn, dessen Wandung ebenfalls dünn geschliffen ist.

Andere schwören auf den hohlen Stiel des Rie-senbärenklaus, einen Lampenzylinder aus Glas, den Eifelruf, den Faulhaber-Hirschruf oder sonstige aus Kunststoff oder Pappe hergestellte Lautverstärker.

Zieht ein Rothirsch mit oder hinter dem Rudel beziehungsweise treibt ein Stück, ist es verhältnis-mäßig einfach, ihn mit dem Ruf zum Verhoffen zu bringen.

Auch ein suchender Hirsch lässt sich mitunter leicht zum Zustehen bewegen. Mit etwas Geschick kann man auch eine faule Brunft oder einen früh-zeitig zu Ende gehenden Brunftmorgen wieder mit Musik erfüllen.

Die wirkliche Kunst, die Krönung der Jagd mit dem Hirschruf, besteht aber darin, einen alten Platz-hirsch, der trotz Mahnen und Rufen nicht zusteht,

Auch ein suchender Hirsch lässt sich mitunter leicht zum Zustehen bewegen.

sondern bei seinem Ru-del bleibt, mit dem Ruf in seinem Einstand durch dick und dünn anzuge-hen. Dabei gilt es, nicht nur in ständig gleicher Tonlage zu röhren, sondern auch das Benehmen eines näher ziehenden Rivalen wie das Anstreichen des Wildkörpers und das Schla-gen des erregten Nebenbuhlers mit dem Geweih an Strauchwerk und Büsche mit dem Jagdstock nachzu-ahmen.

Man muss sich ganz in das Denken und Fühlen des Hirsches hineinversetzen, mit ihm kommunizieren.

Brunftstimmung in der Heide.

Der Hirschruf

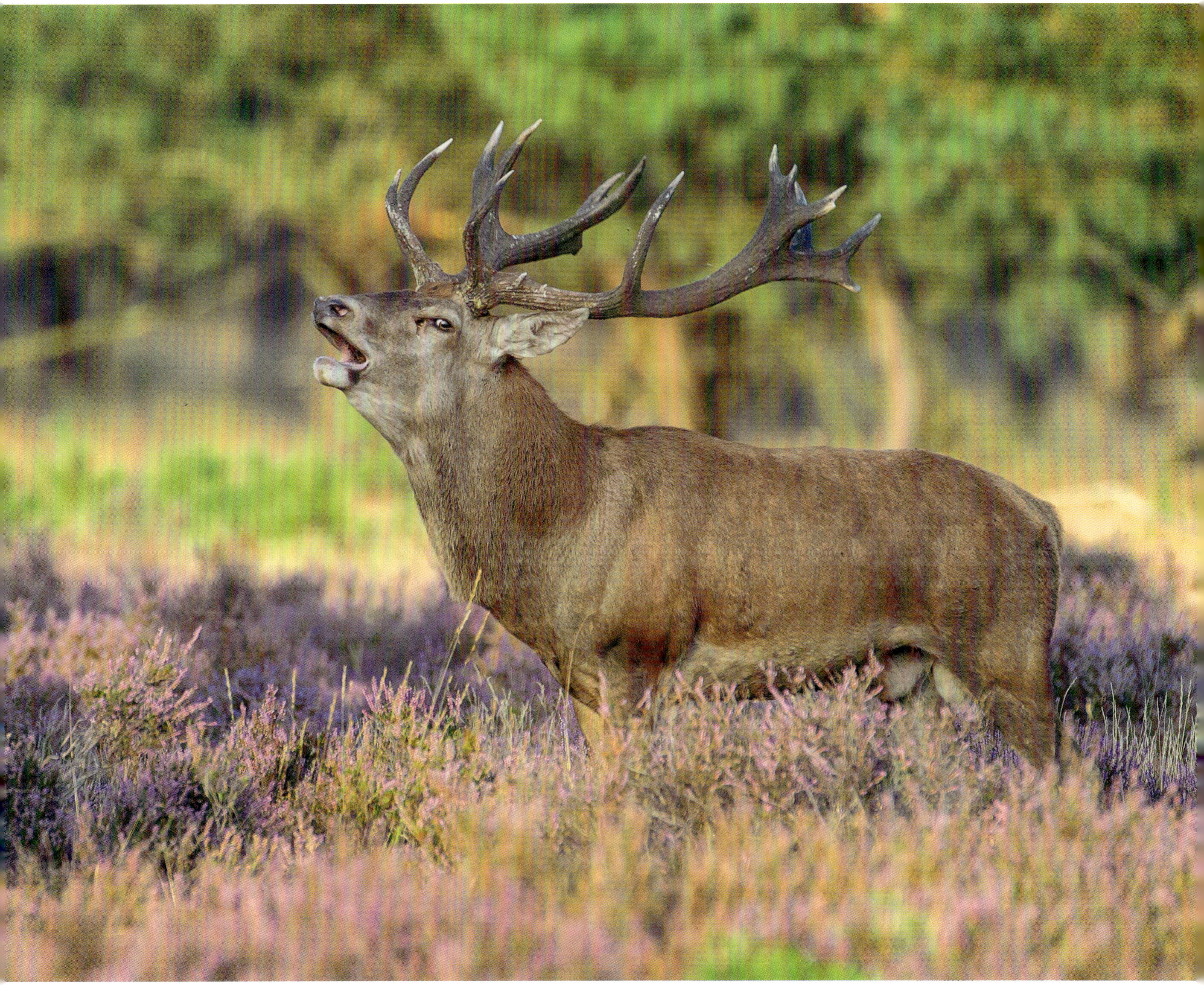

Brunftzauber: Starke Hirsche – grüne Brüche

Der 23. September, Tagundnachtgleiche. Die Sonne steht genau über dem Äquator, geht an diesem Tag im Osten auf und exakt im Westen unter, astronomisch gesehen Herbstbeginn, Beginn der Hochbrunft des Rotwildes, Beginn auch der hohen Zeit des Jägers.

Der Herbst hat den Sommer verdrängt. Welke Blätter suchen ihre letzte Ruhestätte, graue Nebel spielen um das verbliebene goldene Laub. Die leuchtenden Tage täuschen kaum darüber hinweg, dass sich nach Wochen der Fülle und Fröhlichkeit, des ungestümen Wachsens und Lebens Schwermut und Abschiednehmen in der Natur ankünden. Die Nächte werden kalt und klar. Morgens wabern dichte Nebelschwaden über Wald und Wiese, Moor und Heide, Feld und Flur.

Auf der Schneise äst vertraut eine Ricke. Als es sich der Jäger auf dem Hochsitz bequem gemacht hat, springt das Kitz in übermütigen Sätzen zur Mutter, von der es beim Versuch zu saugen mehr verspielt als ernst abgeschlagen wird. Ein Anblick des Friedens.

Erschreckt fährt der Mann auf dem Sitz zusammen. Vor ihm brechen Zweige. Ein Alttier, von seinem starken Rotkalb gefolgt, sichert auf weniger als siebzig Gänge aufmerksam zu ihm her. Stocksteif sitzt der Nimrod, wagt nicht, sein Fernglas hochzunehmen, bis beide Stücke, immer wieder misstrauisch verhoffend, fortgezogen sind.

Noch ist es hell, da taucht im gegenüberliegenden Kiefernaltholz ein Hirsch auf, wechselt bis zur Mitte des mit allerlei Kraut zugewucherten Schlages und meldet kraftvoll in den klaren Abend. Ein junger

Zehner ist es. Mit tiefem Windfang zieht er suchend auf der Fläche umher, fällt in Troll und verschwindet. Zweimal hört man ihn noch melden, dann herrscht wieder Ruhe, und der Abend schleicht sich heran. Kein Äser tut sich mehr auf – Schweigen im Walde. Die Stille ist fast mit den Händen zu greifen, nur weit weg ruft ein Waldkauz.

Da! In der Ferne meldet ein weiterer Hirsch, dann ein zweiter, schließlich weit, weit weg ein dritter, erst zögernd, verhalten, dann lauter, herausfordernder. Kurzes, rau herausgestoßenes »Öh!, Öh!, Öh!« kündet davon, dass er in Bewegung ist.

Die Rufe kommen näher, doch sosehr der Mann auf dem Hochsitz auch erwartungsvoll durch das stark vergrößernde Fernglas starrt, bis es zu dämmern beginnt, bekommt er kein Haar des Ersehnten zu sehen. Der König der Wälder will inkognito bleiben.

Nebel steigt auf. Die Ricke ist mit ihrem Kitz in das schützende Altholz gezogen, erst Kühle, dann macht sich Kälte breit.

Das Büchsenlicht ist fast vorüber. Wie auf ein geheimes Zeichen hin röhrt plötzlich wieder ein Hirsch, ein anderer antwortet und weit hinter der Reviergrenze knört ein dritter. Aber es ist erst das Vorspiel, quasi die Ouvertüre zu einer urgewaltigen Symphonie. Es klingt, als hätte ein unsichtbarer Dirigent den Taktstock erhoben und leitet unvermittelt vom Largo zum Furioso über.

Zwei, drei alte Hirsche röhren zur selben Zeit. Kaum ein Ruf bleibt ohne Antwort. Der Wald hallt vom vielstimmigen Brunftgeschrei wider, dass dem Mann fast der Atem stockt.

Die Kunst des Hirschrufes.

Der Hirschruf

Das sich steigernde Brunftkonzert hält unvermindert an, ähnelt in seiner Urgewalt einem Herbststurm. Aus mehreren Himmelsrichtungen ertönt Schrei auf Schrei in jeglicher Modulationsform, Gemütserregung und Tonstärke, eine kraftvolle Symphonie, ein Hymnus auf die strotzende Kraft der Schöpfung. Die Brunft des Rotwildes hat ihren Höhepunkt erreicht.

Andachtsvoll lauscht der Waidmann schweigend dem urgewaltigen Konzert, das mit Anruf und Antwort durch den Wald orgelt.

Unter den zahlreichen Stimmen sticht eine auffällig heraus: Es ist ein dem Jäger wohlbekannter zehn- bis zwölfjähriger Hirsch, der von allen möglichen Rufvarianten den Sprengruf bevorzugt und der deshalb auf den Namen »Sprengmeister« getauft worden war. Ihm soll die Pirsch am kommenden Morgen gelten.

Mit klammen Gliedmaßen steigt der Mann schließlich von seinem Sitz, wandert in der Dunkelheit voller Vorfreude auf den kommenden Morgen nach Hause und liegt noch lange wach, bis er endlich zur Ruhe kommt. Als er schließlich einschläft, ist die Nacht fast vorüber.

Noch bei totaler Finsternis pirscht er am frühen Morgen nach kurzem Verhören auf einem Pirschpfad in Richtung der großen Wildwiese, auf der sich der »Sprengmeister« lautstark durch seinen rauen Brunftschrei verrät.

Mit jedem Schritt, mit dem sich der Jäger dem Brunftplatz nähert, dringt das Röhren mächtiger durch den dunklen Wald. Die tiefe Stimme, selbst ein romantischer Tierschützer hätte nichts Sehnsuchtsvolles heraushören können, ist voller Wut, voller Kampfbereitschaft.

Schließlich brunftet der Alte nur noch rund vierhundert Meter von dem heranschleichenden Jäger entfernt. Dem wütenden Orgelkonzert nach zu urteilen, hat der Platzhirsch Mühe, einige Beihirsche von seinem Rudel fernzuhalten, eine gute Gelegenheit für den Nimrod, sich vom Wild unbemerkt noch dichter an den Brunftbetrieb heranzuschleichen.

Nach behutsamen fünfzig Schritten schimmert im ersten Licht des anbrechenden Tages die große Wildwiese zwischen den Kiefernstämmen des Altholzbestandes herüber. Der Wind weht dem Mann beißende Brunftwitterung entgegen, und im Dunst vermeint er schemenhafte Bewegungen auf der Wiese zu erkennen. Aber noch reicht das Licht nicht aus und noch trennen ihn mehr als dreihundert Gänge von dem Standort des Wildes.

Vorsichtig schleicht er zwanzig, dreißig Meter weiter vor, bis er hinter einer buschigen Kiefer Deckung findet.

Als er mit seiner Muschel einen mittelalten, suchenden Hirsch markiert, kommt zornige Antwort von der Wiese, wo vertraut, unbeeindruckt vom Brunftgeschehen, mehr zu ahnen, als genau zu erkennen, einige Stücke, wahrscheinlich Kahlwild, äsen.

Plötzlich kommt Bewegung in das kleine Rudel. Ein dunkler, stärkerer Wildkörper trollt darauf zu. Und was das Licht dem Auge noch vorenthält, wird dem Ohr bestätigt: Ein rauer, lang gezogener, uriger Schrei, der Schrei eines Siegers – der starke Platzhirsch hat einen Rivalen vertrieben und ist nun zurückgekehrt. Mal ziehend, mal trollend umkreist er seinen Harem und tut sich dann erschöpft nieder.

Nicht lange dauert die Ruhepause. Nach wenigen Minuten nähert sich erneut ein junger Hirsch, der Alte springt auf, abgehackter Sprengruf ertönt, und

Links

Scheinbar nur Totholz, in Realität ein eigener Mikrokosmos, wertvoller Lebensraum für schier unzählige Kleintiere.

Folgende Doppelseite

Beginn der hohen Zeit – noch suchen die »Könige der Wälder«.

Der Hirschruf

der Jüngling wird quer über die Wiese getrieben. Gespannt verfolgt der Mann hinter der Kiefer das Geschehen durch sein lichtstarkes Fernglas. Ein kurzer Triumphschrei und Stille.

Allmählich wird es etwas heller. Licht flutet von Osten her über die Baumkronen und sickert in die Tiefe des Waldes, wo noch grau die Nacht hockt. Doch auf der Wiese breitet sich ein rosaroter Hauch des anbrechenden Morgens aus, die Natur erwartet den Beginn des neuen Tages, während das Rudel langsam seinem Tageseinstand zustrebt.

»Öh!, öh!«, haucht der Nimrod in seine Tritonmuschel, lässt sie auf den Boden gleiten und greift in Erwartung des Hirsches zur Büchse. Aber der steht nicht zu, lediglich ärgerliches, gelangweilt klingendes Brummen kommt aus der Richtung zurück, in der er fortgezogen war.

Als letztes Nachtdunkel und erstes Morgenlicht allmählich auseinanderfließen, ab und an aufgeregt eine Drossel zetert, löst sich aus dem Dunst des milchigen Schleiers, der sich über die Wiese gelegt hat, ein Schatten. Der Wind frischt ein wenig auf, die feuchtkalten Nebelschwaden wälzen sich fort und enttarnen einen jungen Sechser, der gemächlich am Waldrand entlangzieht. Dann kehrt Ruhe im Wald ein.

Am Tageseinstand

Schon frühzeitig, lange bevor das Wild auf den Läufen ist, erwartet der Jäger das Edelwild am Rande der Wildwiese nahe dem Einstand im Schutz zweier dichter »Weihnachtsbäume«, zehn- oder zwölfjähriger Fichten. Der Wind hatte ihm jegliche andere Entscheidung abgenommen. Auf dem Gipfel einer benachbarten hohen Fichte dankt eine Amsel auf ihre Weise melodisch und lauthals für den herrlichen

Wohl nur ein Vorgeplänkel, noch geht es nicht um Leben und Tod.

Der Hirschruf

Abend, und am liebsten hätte er genauso laut und freudig eingestimmt.

Es ist noch taghell, da meldet weit hinter der Reviergrenze ein Hirsch, und schon kommt Antwort. Kein Zweifel: Seine sonore Stimme verrät ihn, den Sprengmeister von der Wildwiese.

Sinnend kauert der Jäger auf seinem Jagdstock, erwartungsvolles Warten, dass das Rudel auf die gewohnte Äsungsfläche tritt, aber die Bühne bleibt leer.

Allmählich weicht der Tag. Die Sonne sinkt, es wird still im Wald, dunkler und ruhiger um ihn herum. Nur selten meldet ein Hirsch, die Stimmen des Tages verstummen nach und nach, die Nacht beginnt sich mit ihren Geräuschen zu regen.

Der Ruf eines Eulenvogels hallt verloren durch den Wald, und im geisterhaften Licht des aufgehenden Mondes beginnen Bäume und Büsche merkwürdige Gestalt anzunehmen, als der Jäger sich auf den Heimweg macht.

An diesem Abend sieht der Mann keinen Wedel, keinen Pürzel, keinen Spiegel, keine Lunte, nicht einmal eine Blume. Sollte die Brunft bereits vorüber sein? Der nächste Morgen, kalt und sternenklar, bestätigt das Gegenteil.

Wieder harrt der Mann hinter den beiden dichten Fichten.

Rotwild tritt aus, äst vertraut auf hundert Gänge, dann prasselt dreißig Gänge vor ihm ein Stück davon, ein stärkeres folgt, verhofft, aber er kann es nicht sehen, nur hören.

Ein langer, dunkler Ruf erschallt: Der Platzhirsch hat einen Nebenbuhler vertrieben und trollt zum Rudel zurück. Schemenhaft erkennt er ihn, dann ist er verschwunden, verschluckt von Dunkelheit und Deckung. Angestrengt lauscht der Jäger, hebt die Muschel vor den Mund und schmettert den Kampfruf in den klaren Morgen. Wütend schallt Antwort zurück, und der Hirsch – immer wieder antwortend – kommt dem vermeintlichen Rivalen näher und näher.

Schemenhaft erkennt der Mann, wie er achtzig Gänge vor ihm verhofft. Lautes Ästebrechen, das Geprassel bewegt sich auf den stocksteif hinter den Fichten wartenden Mann zu: Der Platzhirsch treibt ein Stück, ob Tier oder Rivalen, ist im Dämmerlicht nicht auszumachen, von sich fort. Das Knacken der Zweige entfernt sich im Altholz.

»Öh!, Öh!« klingt es aus der Muschel, und sofort antwortet sein Gegenüber, kein Zweifel, es ist der »Sprengmeister«.

Geduckt, mit angehaltenem Atem verharrt der Mann hinter seiner natürlichen Deckung.

Als es etwas heller ist, drückt er mit Daumen und Zeigefinger behutsam seine Nasenflügel zusammen und stößt bei offenem Mund die Luft in die Nase: »Äng, äng!« Und noch einmal erklingt das kurze Mahnen eines Tieres. Im Troll erscheint der Platzhirsch, verhofft vierzig Gänge vor den jungen Fichten, und ein bellender, pulverriechender Knall stört die Stille.

In lauter Flucht prescht der alte Recke davon, dass es prasselt und kracht. Im Nu verschlingen ihn der Wald und die anbrechende Dämmerung. Ein letztes Knacken, ein dumpfer Fall vor der angrenzenden Dickung, und alles ist wieder wie vorher, still und friedlich.

Während der alte Nimrod voll Ehrfurcht vor dem gestreckten Kronenhirsch steht, ertönt ganz in der Nähe der zornige Sprengruf eines anderen Hirsches, eines ehemaligen Rivalen? – »Der König ist tot – es lebe der König!«

Der Hirschruf

»Nur« ein schwacher Beihirsch, aber die große Freude ist dem Erleger anzusehen.

Das Buschieren

Suchjagden finden zumeist auf Rebhühner, Hasen, Kaninchen, Fasanen oder Waldschnepfen statt und werden von einem einzelnen oder einer kleineren Gruppe Jäger ausgeübt.

Man unterscheidet bei dieser Jagdart zwischen der flotten und weiten Quersuche im Felde und dem ruhigen Buschieren im Wald beziehungsweise in unübersichtlichem Terrain.

Im Feld muss der Vorstehhund offenes Gelände weiträumig und systematisch mit hoher Nase, unter Ausnutzung des Windes, in Sichtverbindung zu seinem Führer absuchen, um Witterung von dem sich drückenden Wild aufzunehmen. Hat der Hund gefunden beziehungsweise Wind bekommen, muss er sich dem Wild behutsam nähern, vorstehen und hinter fortlaufendem Wild gegebenenfalls langsam nachziehen, damit der Führer folgen kann.

Was man im Feld auch bei weiter Entfernung gut beobachten kann, das verbirgt der Wald allerdings schon in der Nähe. Deshalb werden beim Buschieren im Wald, wo man in deckungsreichem Gelände die Suche der vierbeinigen Jagdhelfer wegen des Bewuchses oft nicht beobachten kann und nicht sieht, ob und wo vorgestanden wird, kurz jagende Vorsteh- oder Stöberhunde eingesetzt.

Diese Tiere dürfen sich nicht aus dem Schussbereich einer Flinte entfernen und müssen bei Ausnutzung von Wind und Deckung planmäßig »kurz unter der Flinte«, das heißt nicht weiter als höchstens 30 Meter – eine gute Schrotschussentfernung – von ihrem Führer entfernt, suchen.

Vorstehhunde stehen vor und warten, bis ihr Führer oder ein anderer Jäger das Wild heraustritt, Stöberhunde stoßen das Wild selbstständig aus dem Lager, der Sasse etc., damit es beschossen werden kann, dürfen aber bei aufstehendem Feder- oder hochwerdendem Haarwild nicht nachprellen.

In England werden bei dieser speziellen Jagdform gerne Springer- und Cockerspaniels eingesetzt (englisch: »cock« – deutsch: »Hahn/Fasan«).

Die verhältnismäßig kurzläufigen Hunde arbeiten von links nach rechts in Schlangenlinien nach vorne, in maximalem Abstand der Flintenschussdistanz vor dem Jäger her, bleiben dabei aber immer im Einwirkungsbereich ihres Herrn. So lassen sie sich bei ihrer planvollen Suche quer zur Marschrichtung des Jägers ohne verräterische laute Kommandos von ihm leicht dirigieren.

Als klassischer Stöber- und Buschierhund in Deutschland gilt der Deutsche Wachtel.

Niemals möchte ich es wagen,
ohne guten Hund zu jagen.
So er fehlt, wo's immer sei,
wird die Jagd zur Luderei.

Meister in der weiten Quersuche und im Vorstehen: Pointer.

Unter der Flinte

Der Sommer ist vorüber. Gen Süden ziehende Vogelschwärme haben es seit Wochen an den Himmel geschrieben, und das satte Grün, die Farbe der Hoffnung, verfärbt sich in rötliche und gelbe Töne, Vorboten von Dunkelheit und Kälte.

Die Blätter der Birken und Eichen auf der anderen Seite der Kultur, wo sich vier Jäger mit ihren Hunden versammelt haben, schimmern in der Herbstsonne, werden zur leuchtenden, goldenen Kulisse, eine Symphonie aus Gottes Malkasten, letzte prangende Pracht vor trüben Novembertagen und kaltem Dezemberschnee.

Ein sonniger Herbsttag, ein wahrhaft goldener Oktobertag, wie er für eine Suchjagd im Walde mit den Hunden schöner kaum sein kann.

Der stämmige Deutsch-Drahthaar-Rüde, die elegante Kleine Münsterländerin sowie der passionierte Rauhaardackel springen voller Ungeduld umher, als sich die Männer im Abstand von ungefähr dreißig Metern in einer Linie postieren, um mit ihren vierläufigen Begleitern über die Brachflächen und Aufforstungen zu ziehen, wo sich bei dieser Witterung gerne Hasen die letzten Sonnenstrahlen auf den Balg scheinen lassen.

In weiten Sprüngen toben die beiden Vorstehhunde, ausgelassen ihre Freiheit genießend, voran. Es bedarf einiger Pfiffe, lauter Rufe und eindringlicher Ermahnungen, um ihre Passion zu bändigen, bis sie nicht mehr so weit voraus laufen, nicht mehr so stürmisch nach vorne drängen, sondern ruhig und konzentriert vor den Schützen in guter Schrotschussentfernung »unter der Flinte« suchen. Dann hört man

nur noch selten einen kurzen Triller, um sie zur Ordnung zu rufen.

Während der Dackel in dem dichten Bewuchs Mühe hat, seinen beiden Artgenossen auf den Fersen zu bleiben, oft kaum auszumachen ist, erfreuen sich die vier Jäger an der unermüdlichen Suche und den spielerischen, leichten Bewegungen der beiden anderen Hunde, die zwanzig, dreißig Meter vor ihnen am Rand der Brachfläche revieren, zehn Meter nach links, zehn Meter nach rechts, und zwischendurch immer wieder Sichtkontakt mit ihren Führern aufnehmen.

Plötzlich verharrt der Rüde und steht vor. Gebannt, regungslos, wie eine Statue, starrt er, wie hypnotisiert, in das grüne Kraut.

Bilder wie diese, wenn ein Hund Niederwild vorsteht, sind selten geworden. Der Führer nimmt sich daher Zeit, genießt den Anblick des wie angewurzelt stehenden Hundes, bevor er sich ihm, die entsicherte Flinte in der Armbeuge, vorsichtig von hinten nähert. Aber nichts Außergewöhnliches geschieht. Der Mann macht noch einen Schritt vorwärts, und der Rüde vor ihm zieht nach. Geduckt, gespannt, ganz Raubtier, wird er dabei noch tiefer. Zwei, drei weitere langsame Schritte, und vier Meter vor den beiden saust plötzlich ein Hase aus der Sasse. Die Flintenläufe schwingen hoch, der Schaft vor die Schulter, aber schon hat Meister Lampe seinen Balg in dem dichten Gewirr aus dornigem Himbeergestrüpp und hohen Farnkrautwedeln in Sicherheit gebracht. Heftig Laut gebend prellt der Rüde nach, ist aber bereits nach wenigen Sekunden zurück. Er hat längst gelernt, dass es

Das Buschieren

keinen Erfolg verspricht, einen gesunden Hasen zu verfolgen.

Nicht so der Teckel. Vor Eifer und Passion aufheulend folgt er kläffend der Spur und kommt erst nach etlichen Minuten wieder. Unermüdlich sucht der kleine Geselle dann erneut mit tiefer Nase und schier unbegrenzter Jagdleidenschaft kreuz und quer, als sei er nicht müde zu kriegen, nimmt sich aber nun ein Beispiel an seinen hochläufigen »Kollegen« und jagt

ebenfalls unter der Flinte, während die Männer, enttäuscht über die verpasste Gelegenheit, weiterziehen.

Eine Grasmücke, ein Schwarzplättchen, wie Mönchsgrasmücken wegen ihrer schwarzen Kopfoberseite genannt werden, warnt seine Umgebung vor der menschlichen Störung. Früher landete mancher »Mönch« wegen seines wunderschönen harmonischen Gesanges im Vogelbauer – die Nachtigall des kleinen Mannes. Wenn er sich ärgert, klingt sein

Der Hund steht regungslos wie ein Denkmal. Er hat Wildwitterung aufgenommen.

Warnruf aber weniger melodisch, eher wie das Zusammenschlagen zweier Kieselsteine.

Dann verstummt der unsichtbare Sänger, und es kommt die Stunde für den kleinen Raubauz: Ein Kaninchen flüchtet vor ihm fort und rolliert, als er ihm mit sich überschlagendem Hals nachläuft, in der Schrotgarbe des folgenden Schützen. Stolz nimmt der dem widerstrebenden Hund die Beute ab, lässt sie »nässen«, verstaut sie in seinem Rucksack und weiter geht's.

Aus der dunklen Krone einer alten Fichte leuchtet es hell zu den Leuten herüber: Ein fast weißer Mäusebussard blockt auf einem der starken Außenzweige. Es ist ein Gast aus dem hohen Norden, der hier den nahenden Winter verbringen wird. Der scheue, scharfsichtige Greif hat die zweibeinigen und vierläufigen Jäger längst bemerkt. Vornübergeneigt, bereit, jeden Moment abzustreichen, verharrt er noch einen Moment, lässt sich dann von seiner hohen Warte fallen und schwebt davon.

Da wird die Münsterländerin aus raumgreifendem Galopp wie von magischer Hand gestoppt. Steif und starr, den Fang gesenkt, wirkt sie wie festgenagelt, streckt sich mehr und mehr, scheint lang und länger zu werden und fixiert einen Punkt vor sich im Gestrüpp – Spannung vom Fang bis zur Rute.

Die Schritte ihres Führers werden größer und schneller, bis er hinter, dann neben ihr steht. Erst als sich eine Schnepfe vor den beiden erhebt, nimmt die Hündin ihren Führer neben sich wahr. Dessen hingeworfener Schrotschuss stoppt den flatternden Zickzackflug und lässt den Vogel mit dem langen Gesicht zu Boden gleiten. Ohne Befehl stürmt die Münsterländerin los, nimmt ihn auf und trägt ihn zu dem Schützen.

Das Buschieren

Linke Seite
Äußerste Konzentration –
bei Hund und Jäger.

Links
So ist's brav – der Stolz des
Hundes ist berechtigt.

Kurzes Intermezzo

Dann ist die Hündin verschwunden, im dichten Gestrüpp untergetaucht, nicht mehr zu sehen. Verunsichert ziehen die Männer weiter. Da schimmert ihr braun weißes Fell durch den grünen Bewuchs, die Hündin steht schon wieder vor. Vorne geduckt, den Kopf tief, fast am Boden, verharrt sie plötzlich aus vollem Lauf. Zwei-, dreimal wedelt die Rute noch

Fliegenpilze – ein farbenprächtiger Blickfang am Wegesrand.

verhalten hin und her, dann steht die Hündin bewegungslos, als sei überhaupt kein Leben in ihr, und verweist etwas in dem Gestrüpp am Rande der Fläche.

Schussbereit strebt der Führer zu ihr. Kurz lässt sich die Hündin ablenken, schielt zu ihm herüber, und als der Mann leise zischt, den Befehl zum Einspringen gibt, hüpft ein Rotkehlchen durch das Gezweig und flattert davon. Aufgeregt macht die Braunweiße ein paar Sprünge hinter dem kleinen Vogel her, kommt zurück und blickt ihren Herrn an, als sei der Schuld daran, dass es kein Wild war, das sie gefunden und vorgestanden hatte.

Hunde und Herren sind müde geworden. Eine vom letzten Sturm gefällte Kiefer am Rand der Fläche, die die Hunde abgesucht haben, bietet sich an für eine kurze Rast.

Zwei Eichelhäher streiten krächzend in den hohen Bäumen und machen sich dann im Falllaub zu schaffen. Dabei geben die »Polizisten des Waldes« komische Laute von sich: Mal singen sie wie ein Star, dann kreischen sie wie ein Bussard oder miauen wie eine Katze. Schließlich werden die bunten Schreihälse auf die vier Menschen und deren Hunde aufmerksam, schimpfen mit heiserem Gezeter und streichen ab.

Am Rand der Blöße zieht eine wunderschöne Farbkomposition, ein Gebüsch voll mit roten Hagebutten, und daneben, als käme er aus demselben Wurzelstock, ein Busch, dicht behangen mit blauen Schlehen, die Blicke der Jäger auf sich.

Die Hunde hingegen sind von der stimmungsvollen Farbenpracht weniger beeindruckt. Sie haben ihre Müdigkeit anscheinend vergessen, drängen voller Erwartung weiter, und die Männer beenden die erholsame Pause.

Das Buschieren

Gut verteilt arbeiten sie sich in breiter Front langsam durch das dichte Gesträuch. Während die großen Hunde kreuz und quer vor den Schützen revieren, hat der Teckel Mühe und führt in dem hohen Beerenkraut eine Quersuche auf seine Art durch. Mit tiefer Nase versucht der kleine Wicht in plumpen Sprüngen mit hochgestellter Rute, ab und zu weidlaut gebend, voller Passion seinen großen Freunden zu folgen, gibt aber schon bald auf und geht wieder seinen eigenen Weg.

Da verharrt der Drahthaar, zieht ruckartig nach, steht einige Sekunden lang und der folgende Schütze nimmt aus den Augenwinkeln ein Kanin wahr, das sich über eine Freifläche in Sicherheit bringen will.

Herbst – die Gänse ziehen wieder gen Süden.

Kurz vor der nächsten Deckung erreichen es die Schrote und schon leuchtet die weiße Bauchseite auf, bevor der Rüde heran ist und den Lapuz seinem Herrn apportiert.

Und wieder reißt einer der Jäger die Flinte hoch. Zu spät. Ein Hase war aufmerksamer und taucht augenblicklich im Dornengerank unter, wird buchstäblich von ihm verschluckt. Gleich darauf bringt sich ein weiterer Mümmelmann in dem wuchernden Gesträuch unbeschossen in Sicherheit.

»Die Farbe ist das Kind von Licht und Dunkel«

Schwingenschlag lässt die Jäger zusammenfahren. Zwei Tauben streichen aus den dichten Fichtenwipfeln davon. Im Nu liegen vier Flinten am Kopf, aber die grauen Vögel sind schneller. Sanft verhaucht der Schwingen Ton in der Weite der Stille.

Da steht der Drahthaar erneut – nur ein ab und zu zuckender Muskel verrät, dass Leben in diesem »Denkmal« ist – und schon flüchtet ein Hase davon.

Im Knall ruckt Meister Lampe zusammen, flüchtet aber, verfolgt von vier Augenpaaren weiter. In raumgreifenden Sätzen springt der Rüde lauthals hinterher. Der Abstand verkleinert sich zusehends. Einige Haken noch, dann erklingt Lampes Todesklage, und

mit erhobenem Kopf apportiert der Hund den Hasen seinem Herrn.

Zufrieden über die reiche und bunte Strecke sitzen dann die vier Waidmänner mit ihren drei erfolgreichen Jagdhelfern am Wegesrand und genießen die letzten durch die Kronen der hohen, dunklen Fichten dringenden wärmenden Strahlen der sich allmählich verabschiedenden Herbstsonne, in die sich sanfte Dunstschleier hineinweben.

Unterschiedliche Farben und Färbungen verwandeln den Wald in einen Lebensraum voller Geheimnisse, in ein Reich der Nymphen, Kobolde und Elfen.

»Die Farbe ist das Kind von Licht und Dunkel«, schrieb Goethe. Ob der Dichter, als er hierüber nachdachte, an einer ähnlichen Stelle in der Tiefe des Waldes gesessen hat?

Wunderschön leuchten im goldgelben Gras einige Fliegenpilze, dahinter stehen mehrere riesige Parasolpilze. Einer der Jäger pflückt sie ab, verstaut die »Früchte des Waldes« behutsam im Rucksack und zieht gedanklich bereits Geschmacksfäden, als er an Hasenrücken garniert mit frischen Pilzen denkt, während ziehende Gänse mit ihren melodischen Rufen das Ende des stimmungsvollen und beuteträchtigen Jagdtages untermalen.

Bildnachweis
Arndt: 24ul, 25, 34, 44, 49, 51, 53, 54, 78, 82, 108, 113, 117, 118/119, 134/135, 144/145
Marek: 17, 27, 32/33, 60, 62/63, 66, 70, 106, 122/123, 150, 157
Mauritius images / age: 91or
Mauritius images / Alamy: 100/101, 112, 120
Mauritius images / ImageBROKER / Horst Jegen: 91ol
Mauritius images / ImageBROKER / Justus de Cuveland: 128/129
Mauritius images / ImageBROKER / Michael Krabs: 114/115

Mauritius images / ImageBROKER / Robert Canis / FLPA: 110
Mauritius images / United Archives: 43
Meyers: 104/105
Nagel: 7, 12/13, 22, 65u, 75, 87, 88, 91u, 149, 154, 155
Rolfes: 2/3, 80/81, 138/139, 146/147
Schiersmann: 19
Volkmar: 1, 4/5, 10, 20/21, 24ol, 31, 37, 38/39, 41, 42, 46, 47, 56, 58, 65o, 69, 71, 72/73, 76/77, 84, 85, 86, 92/93, 94/95, 96, 97, 98, 102/103, 111, 124, 125, 126/127, 130, 131, 133, 136, 141, 142, 153, 156
Winsmann: 15, 28/29, 68, 107

Über den Autor

Gert G. von Harling war zehn Jahre lang Schriftleiter bei der Jagdzeitschrift *Wild und Hund* und einige Jahre Lektor für Jagd und Forst im Verlag Paul Parey. Heute ist er freier Journalist, Jagdschriftsteller und Fachberater für Jagd- und Naturvideofilme. Im Jahre 2000 verlieh ihm der Internationale Jagdrat zur Erhaltung des Wildes (CIC) den Literaturpreis und der Deutsche Jagdschutzverband (DJV) den Kulturpreis. Er ist Autor von über 40 Jagdbüchern.

Impressum

Bibliografische Information der Deutschen Nationalbibliothek

Die Deutsche Nationalbibliothek verzeichnet diese Publikation in der Deutschen Nationalbibliografie; detaillierte bibliografische Daten sind im Internet über http://dnb.d-nb.de abrufbar.

 BLV Buchverlag
GmbH & Co. KG

80636 München

© 2017 BLV Buchverlag GmbH & Co. KG, München

Umschlagkonzeption: Kochan & Partner, München

Umschlagfotos:
Vorderseite: S.-E. Arndt;
Rückseite: K.-H. Volkmar (links), E. Marek (Mitte), W. Nagel (rechts);
Vordere Umschlagklappe: K.-H. Volkmar
Hintere Umschlagklappe: Autor privat

Lektorat: Gerhard Seilmeier, Alexandra Flache, Sonja Forster
Herstellung und Layoutkonzept Innenteil: Ruth Bost
Layout/DTP: Satz+Layout Fruth GmbH, München

Gedruckt auf chlorfrei gebleichtem Papier

Printed in Germany
ISBN 978-3-8354-1283-5

Hinweis
Das vorliegende Buch wurde sorgfältig erarbeitet. Dennoch erfolgen alle Angaben ohne Gewähr. Weder Autor noch Verlag können für eventuelle Nachteile oder Schäden, die aus den im Buch vorgestellten Informationen resultieren, eine Haftung übernehmen.

 www.facebook.com/blvVerlag

Wild und exquisit durchs Jahr: Gourmet-Rezepte für jede Saison

Wild!

Gourmet-Rezepte für jede Jahreszeit

MICHELINE COLSMAN
FOTOS: FRANK BRAUN

Micheline Colsman/Fotos: Frank Braun
Wild!
Das großformatige Kochbuch mit Bildband-Charakter: exquisite Rezepte, die der Wildküche neue Impulse geben – brillant fotografiert · Leichte Frühlingsgerichte, z.B. Wild aus dem Wok · Köstliche Sommerküche: Wild vom Grill, Wildwurst usw. · Herbst und Winter: Klassiker wie Rehbraten und Hirschragout, aber auch Suppen und Eingemachtes · Zur jeweiligen Jahreszeit: stimmungsvolle Fotos zu Wild, Wald und Natur.
ISBN 978-3-8354-1190-6